管式加热炉技术问答

（第二版）

刘运桃　编

中国石化出版社

内 容 提 要

本书用通俗易懂的语言、以问答的形式，详细解答了与石化工业中常用管式加热炉密切相关的296个实际问题。共分14个部分，内容涉及管式加热炉的专用术语、分类方法、基本结构、主要配件、运行原理、操作技术、设计要求、效率、节能、检查及检修、安全以及装置管理等方面的内容。掌握这些知识，对了解管式加热炉的基本工艺过程，熟悉其运行及操作的基本特点，维持安全、高效、长周期运转和加强管理等，都是极其重要的。

本书可供加热炉设计人员及现场的技术工人、管理干部阅读，特别适用于作培训教材。

图书在版编目(CIP)数据

管式加热炉技术问答(第二版)/刘运桃编.
—北京:中国石化出版社,2000.7(2022.3重印)
ISBN 978-7-80043-786-1

Ⅰ.管… Ⅱ.刘… Ⅲ.管式炉-问答 Ⅳ.TQ054-44

中国版本图书馆CIP数据核字(2000)第63811号

中国石化出版社出版发行

地址:北京市东城区安定门外大街58号
邮编:100011 电话:(010)57512500
发行部电话:(010)57512575
http://www.sinopec-press.com
E-mail:press@sinopec.com
北京艾普海德印刷有限公司印刷
全国各地新华书店经销

*

787×1092毫米 32开本 4.125印张 92千字
2022年3月第2版第11次印刷
定价:12.00元

序

设备是企业进行生产的物质技术基础。现代化的石油化工企业，生产连续性强、自动化水平高，且具有高温、高压、易燃、易爆、易腐蚀、易中毒的特点。设备一旦发生问题，会带来一系列严重的后果，往往会导致装置停产、环境污染、火灾爆炸、人身伤亡等重大事故的发生。因而石油化工厂的设备更体现了设备是企业进行生产、发展的重要物质基础。“基础不牢、地动山摇”。设备状况的好坏，直接影响着石油化工企业生产装置的安全、稳定、长周期运行，从而也影响着企业的经济效益。

为了确保石油化工厂设备经常处于良好的状况,就必须强化设备管理,广泛应用先进技术,不断提高检修质量,搞好设备的操作和维护,及时消除设备隐患,排除故障,提高设备的可靠度,从而确保生产装置的安全、稳定、长周期运行。

为了加强企业“三基”工作，适应广大石油化工设备管理、操作及维护检修人员了解设备，熟悉设备，懂得设备的结构、性能、作用及可能发生的故障和预防措施，以提高消除隐患，排除故障，搞幻操作和日常维护能力的需要，中国石化出版社针对石油化工厂常见的各类设备，诸如，各类泵、压缩机、风机及驱动机、各类工业炉、塔、反应器、压力容器，各类储罐、换热设备，以及各类工业管线、阀门管件等等，组织长期工作在石油化工企业基层，有一定设备理论知识和实践经验的专家和专业技术人员，以设备技术问答的形式，编写了一系列“石油化工设备技术问答丛书”，供大家学习和阅读，希望对广大读者有所帮助。本书即为这套丛书之一。

中国石化设备管理协会副会长　胡安定

目　　录

三、一般工艺知识

九、吹灰器

十、烟囱及挡板

一、专用术语定义

1. 什么叫管式加热炉?

在石油化工厂装置内所用的加热炉，都是通过管子将油品或其他介质进行加热的。为简化起见，通常称加热炉或炉子。

2. 什么叫自然通风加热炉?

利用烟囱的抽力吸入燃烧空气，并将烟气排出的加热炉称为自然通风加热炉。

3. 什么叫强制通风加热炉?

燃料燃烧所需要的空气是用通风机送入，而烟气则通过烟囱抽力排出的加热炉称为强制通风加热炉。

4. 什么叫负压加热炉?

利用引风机排除烟气、维持炉内负压、吸入燃烧空气的加热炉称为负压加热炉。

5. 什么叫抽力平衡加热炉?

用通风机送入空气，并用引风机排出烟气的加热炉称为抽力平衡加热炉。

6. 什么叫抽力?

抽力是在加热炉内任一点测得烟气的负压值。

7. 什么叫导热?

导热是指由于物体各部分直接接触而发生的热量传递。

8. 什么叫对流传热?

对流传热是指借液体或气体质点互相变动位置的方法将

热量自空间的一部分传到其他部分。

9. 什么叫辐射传热?

辐射传热是指一种由电磁波来传播能量的过程。

10. 什么叫加热炉的炉体?

炉体是指加热炉外壳、砌砖体、耐火材料和保温材料，并包括保温钉在内的统称。

11. 什么叫加热炉的辐射室?

加热炉的辐射室是指在加热炉内，主要靠辐射作用将燃烧器发生的热量传给辐射盘管内油品的那一部分空间。

12. 什么叫加热炉的炉顶?

炉顶是指在加热炉辐射室内，正对炉底的平顶或斜顶部分。

13. 什么叫加热炉的对流室?

加热炉的对流室是指在加热炉内，主要靠对流作用将燃烧器发出的热量传给对流盘管内油品的那一部分空间。

14. 什么叫加热炉的烟囱?

烟囱是指用来向大气排放烟气的立式设备。

15. 什么叫破风圈?

破风圈是指设在钢烟囱上用以减少风振的部件。

16. 什么叫壁板?

壁板是指用于封闭加热炉的金属钢板。

17. 什么叫烟气?

烟气是指包括过剩空气在内的燃烧产物。

18. 什么叫尾部烟道?

尾部烟道是指收集对流室尾部的烟气，将其送入烟囱或外部烟道的封闭部件。

19. 什么叫烟风道?

烟风道是指供空气和烟气流动的通道。

20. 什么叫燃烧器?

燃烧器是一种将燃料和空气按照所需混合比和流速在湍流条件下集中送入炉内，确保和维持点火及燃烧条件的部件。

21. 什么叫油－气联合燃烧器?

油－气联合燃烧器是指既可以烧燃料油，又可以烧燃料气；可以单独烧油或单独烧气，也可以同时烧油和烧气的部件。

22. 什么叫点火器?

点火器是一个供点燃主燃烧器的小火嘴。

23. 什么叫雾化器?

雾化器是指用来将液体雾化的一种部件。通常采用蒸汽、空气或机械方法进行雾化。

24. 什么叫风箱?

风箱是指包围燃烧器、用于向燃烧器内分配空气及降低燃烧噪声的箱室。

25. 什么叫吹灰器?

吹灰器是利用喷射蒸汽或空气去清扫炉管表面灰尘的一种器具。

26. 什么叫堵头式回弯头?

堵头式回弯头通常是一种铸造回弯头。在这种回弯头上设有一个或多个开口，以便从开孔进行检查或用机械法清除炉管内的焦子或排空。这些开孔，在操作时用堵头堵死，检查时可把堵头打开。根据操作条件、密封要求和使用能力，在这种回弯头上可以采用不同的密封结构。

27. 什么叫弯头箱?

弯头箱是指内面设有保温层，与烟气隔开，用于将一定数量的弯头或集合管封闭的箱体。在箱体上设有带铰链的或可拆卸的门盖，以便打开进行操作。

28. 什么叫盘管？

盘管是指辐射室和对流室用急弯弯管或回弯头连接起来的全部管子。

29. 什么叫集合管？

集合管是指用于收集从多管程来的流体或将流体分配到并流的多管程中去的管子。

30. 什么叫遮蔽管？

遮蔽管是指阻挡对流室的管子接受直接辐射的那部分管子。

31. 什么叫对流管板？

对流管板是指用于支承对流管两端部的管板。

32. 什么叫折流体？

折流体是指在对流室内，为了防止烟气短路，延长烟气流程而将耐火炉墙凸出的那一部分。

33. 什么叫管程？

管程是指流体介质在炉管内的流动路程。它包括一根或多根管子，由弯头或集合管将管子连在一起的管系。

34. 什么叫转油线？

转油线是指连通任意两个盘管管段的中间连接管线。

35. 什么叫导向管？

导向管是指对炉底支承的立管限制其位置和对炉顶支承的立管限制其侧移的一种部件。

36. 什么叫止管器？

止管器是指限制水平辐射管在操作过程中离开中间管架

的一种部件。

37. 什么叫炉管吊钩?

炉管吊钩是指在辐射室内将辐射管吊起来的一种部件。

38. 什么叫炉管拉钩?

炉管拉钩是指为了防止立管水平位移和控制炉管的方向而设置的部件。

39. 什么叫挡板?

挡板是一种调节烟气或空气体积流量、改变阻力的部件。

40. 什么叫单轴挡板?

单轴挡板是指转轴位于挡板中心的部件。

41. 什么叫多轴挡板?

多轴挡板是指有几个叶片、各轴位于各个叶片的中心，并用杆系连接可同时转动的多个轴的挡板。

42. 什么叫保温钉?

保温钉有时称为背固件。它是用金属或耐火材料制成的固定耐火材料和保温材料的一种零件。

43. 什么叫扩大表面?

扩大表面是指在对流管的外表面增设钉头或翅片以扩大吸热面，并增加吸热量的那部分表面。

44. 什么叫扩大表面比?

扩大表面比是指外露总面积与光管外表面积之比。

45. 什么叫一次空气?

一次空气是指在总燃烧空气中，首先与燃料混合的那部分空气。

46. 什么叫二次空气?

二次空气是指为了补充一次空气的不足，向燃料供给的辅助空气。

47. 什么叫烟囱温度？

烟囱温度是指烟气离开对流室的温度。

48. 什么叫火墙温度？

火墙温度（又叫炉膛温度）是指烟气离开辐射室的温度。

49. 什么叫热面温度？

热面温度是指与烟气或热燃烧空气接触的耐火或保温材料的外露表面温度。该温度用于确定耐火或保温材料的厚度和散热量。

50. 什么叫盘管压力降？

盘管压力降是指包括静压头在内的，盘管入口端与出口端的压力之差。

51. 什么叫辐射损失或散热损失？

辐射损失是指由加热炉和烟风道以及辅助设备（采用热回收系统时）的外壁向周围散失的热量，用占放热量的百分数表示。

52. 什么叫加热炉的热负荷？

加热炉的热负荷是指在每小时内，炉管内被加热的介质所吸收的热量。

53. 什么叫炉管的表面热强度？

在 1 小时内，1 米^2 炉管表面积所吸收的热量，叫炉管表面热强度，用 W/m^2 表示。

54. 什么叫炉管的平均热强度？

（1）在辐射室：炉管的平均热强度是指在 1 小时内，炉管内的介质所吸收的总热量除以辐射炉管总的外表面积，用 W/m^2 表示。

（2）在对流室：

①以光管表面为基准：炉管的平均热强度是指在1小时内，对流管内的介质所吸收的总热量除以光管总的外表面积（不包括钉头或翅片），用 W/m^2 表示。

②以光管表面、钉头或翅片表面为基准：炉管的平均热强度是指在1小时内，对流管内的介质所吸收的总热量除以总的换热面积（包括钉头或翅片），用 W/m^2 表示。

55. 什么叫炉管的局部热强度？

炉管的局部热强度是指在1小时内，炉管内的介质所吸收的热量除以局部炉管换热面积，用 W/m^2 表示。

56. 什么叫炉管的最高热强度？

炉管的最高热强度是指在管段内的最高局部热强度，用 W/m^2 表示。

57. 什么叫加热炉的体积热强度？

在1小时内，在1米^{3}的炉膛体积中，燃料燃烧所放出的热量叫加热炉的体积热强度，用 W/m^3 表示。

58. 什么叫燃料效率？

燃料效率是总吸收热量与燃料净发热量之比，用“百分比”表示。

59. 什么叫燃料的高热值？

燃料的高热值是指每公斤燃料在燃烧后所放出的热量加上烟气中水蒸气冷凝放出的热量。

60. 什么叫燃料的低热值？

燃料的低热值是指每千克燃料在燃烧后所放出的热量。

61. 什么叫吸热量？

吸热量是指包括预热燃烧空气热量在内的，由盘管吸收的总热量。

62. 什么叫放热量?

放热量是指一定燃料的总放热量，根据燃料的低热值计算。

63. 什么叫温度裕量?

温度裕量是指在选取设计金属温度时所需考虑的一部分温度的富裕量。它通常包括工艺流体或烟气流动的不均匀分配、操作未知因素和设计误差等因素。

设计金属温度，通常包括最高计算管壁金属温度或当量管壁金属温度加温度裕量。

64. 什么叫污垢裕量?

污垢裕量是指由于焦子和污垢物在炉管内表面的积聚使压力降增加和管壁温度升高的残留层，可用厚度或热阻表示，在计算结垢后的压力降和设计管壁温度时应利用该值。

65. 什么叫腐蚀裕量?

腐蚀裕量是指允许腐蚀的厚度，它是腐蚀速率与管子设计寿命的乘积，用“毫米（mm)”表示。

66. 什么叫磨损率?

磨损率是指由于工艺流体的机械性冲刷使管材壁厚的减薄量，用“mm/年”表示。

二、炉　型

67. 加热炉是如何分类的？

目前加热炉的分类在国内外均无统一的划分方法，习惯上最常用的有两种：一种是从炉子的外型上来分，如箱式炉、斜顶炉、圆筒炉、立式炉等；另一种是从工艺用途上来分，如常压炉、减压炉、催化炉、焦化炉、制氢炉、沥青炉等。

除以上划分之外，还有按炉室数目分类的，如双室炉、三合一炉、多室炉等；按传热方法而分类的纯辐射炉、纯对流炉、对流—辐射炉等；按受热方法不同而分类的单面辐射炉及双面辐射炉等等。

68. 管式加热炉发展的简况及今后发展的方向如何？

箱式炉（图 2－1）和斜顶炉（图 2－2）是我国 20 世纪 50 年代石油化工厂常用的炉型，由于这两种炉型占地面积大、构造复杂、金属用量大、造价高，现在已逐步被淘汰。在 70 年代以后，我国各石油化工厂广泛使用的炉型为立式炉（图 2－3、图 2－4）和圆筒炉（图 2－5）。

管式加热炉今后发展的方向是：大型化、高效化，采用各种型式的余热回收系统以提高炉子的热效率，采用集中的高烟囱以防止公害，采用大能量燃烧器及长周期运转等。

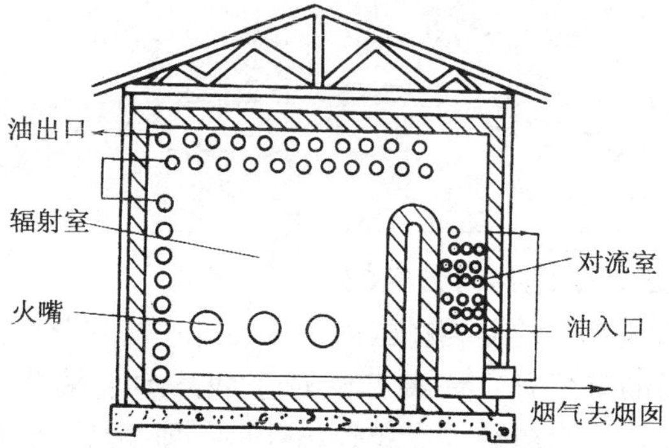

图 2-1　箱式炉

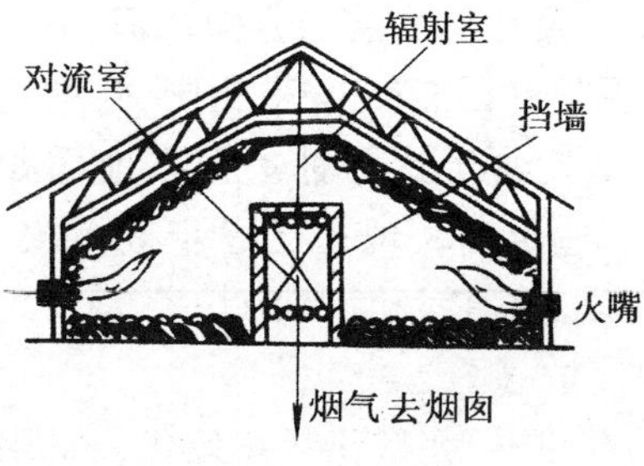

图 2-2　斜顶炉

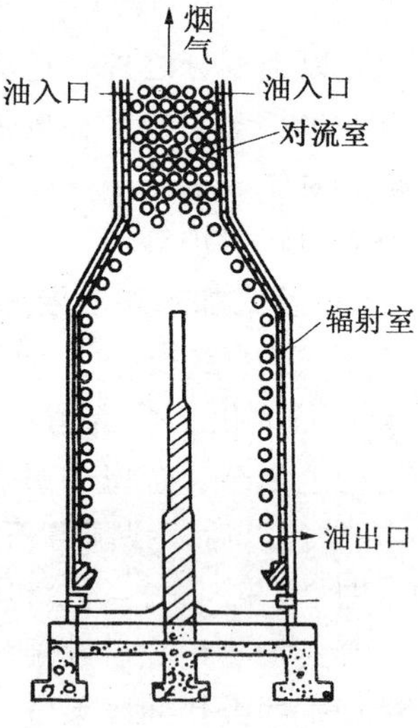

图 2-3　卧管立式炉

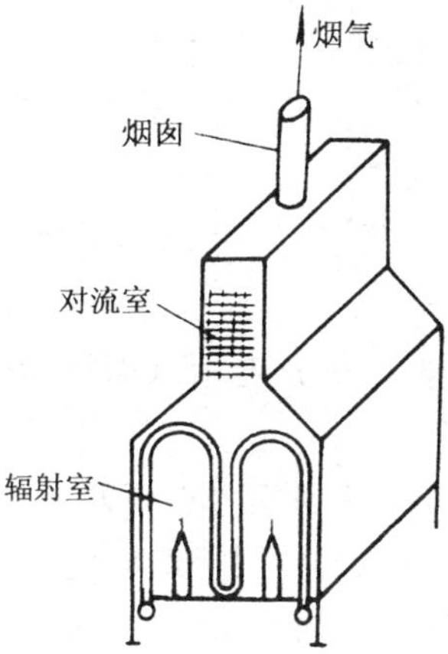

图 2－4　立管立式炉

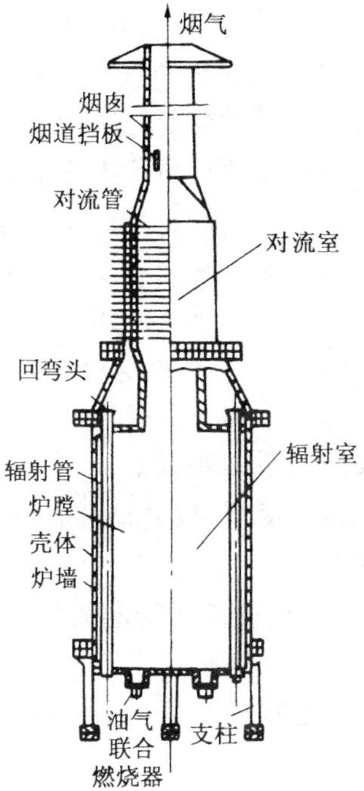

图 2－5　圆筒炉

69. 目前常用的加热炉有哪几种型式?

目前常用的加热炉有圆筒炉、立管立式炉、卧管立式炉等。

70. 管式加热炉的炉型应符合哪些原则和要求?

管式加热炉的炉型应根据工艺操作要求、长周期运转、便于检修、投资少的原则，并结合场地条件及余热回收系统类别进行选择，并且应符合下列要求：

（1）设计热负荷小于 1MW 时，宜采用纯辐射圆筒炉。

（2）设计热负荷为（1 ~ 30）MW 时，应优先选用辐射—对流型圆筒炉。

（3）设计热负荷大于 30MW 时，应通过对比选用炉膛中间排管的圆筒炉、立式炉、箱式或其他炉型。

（4）被加热介质易结焦时，宜采用水平管立式炉。

（5）被加热介质流量小，且要求压降小时，宜采用螺旋管圆筒炉。

（6）被加热介质流量大，要求压降小时（如重整炉等），宜采用门形管箱式炉。

（7）使用材料价格昂贵的炉管，应优先选用双面辐射管排的炉型。

71. 目前常用的圆筒炉和卧管立式炉各有什么优缺点？

（1）圆筒炉：目前，在我国石油化工厂用得最多的是圆筒炉，在加热炉总数中，圆筒炉的数量约占 65%，该炉的优缺点是：

①优点：占地面积小；结构简单，设计、制造及施工安装均比较方便；炉子热负荷越小，采用该种炉型的优越性就越大，所以中小型炉子采用圆筒炉的较多。

②缺点：不适用于热负荷大的加热炉；由于炉管是直立的，所以上下传热不均匀，辐射炉管的平均热强度比卧管立式炉小。

（2）卧管立式炉：该种炉型目前常用在焦化装置上，其优缺点是：

①优点：由于炉管是水平放置的，故传热比较均匀，辐射炉管的平均热强度比圆筒炉大；烟气向上流动，阻力损失

小，大大降低了烟囱的高度，不需要在炉外建烟囱。

②缺点：结构比圆筒炉复杂；炉膛较小，易回火；辐射管加热面积小，热效率低，常用合金管架，造价比圆筒炉高。

72. 加热炉的大小是用什么指标来决定的?

加热炉的大小不是以直径和高度来决定的，而是以热负荷的大小来决定的。

73. 加热炉为什么要分辐射室和对流室?

(1) 加热炉的辐射室有两个作用：一是作燃烧室；二是将燃烧器喷出的火焰、高温烟气及炉墙的辐射传热通过炉管传给介质。这种炉子主要是靠辐射室内的辐射传热；小部分靠对流室的对流传热，这只占整个传热的10%左右。

(2) 对流室的主要作用是：在对流室内的高温烟气以对流的方式将热量传给炉管内的介质。在对流室内也有很小一部分烟气及炉墙的辐射传热。

如果一个加热炉只有辐射室而无对流室的话，则排烟温度很高，造成能源浪费，操作费用增加，经济效益降低，为此，在设计加热炉时，通常都要设置对流室，以便能充分回收烟气中的热量。

74. 为什么常用辐射—对流型炉，而一般不采用纯对流炉?

纯对流炉需要的传热面积大，管材用量多，靠近炉膛的管子不仅接受辐射热，而且还接受高温对流热，管子容易烧坏，管内油品也易结焦，所以一般不采用纯对流炉，而用辐射—对流型炉。这种炉型，先从辐射室接受大量的辐射热，把烟气温度降低一些，然后进入对流室，再从对流室吸收烟气的余热，因而提高了炉子的热效率。

75. 为什么小型圆筒炉采用纯辐射炉较多?

设计热负荷小于 1MW 时，宜采用纯辐射圆筒炉。因为小型纯辐射圆筒炉结构最简单，只需要较低的烟囱。如果采用对流室，虽然排上炉管，但由于对流管太短，加热面积小，管内压力降却加大不少；另外由于炉子热负荷小，排烟带走的热量有限，也不会造成很大的浪费，所以小型圆筒炉多采用纯辐射炉。随着燃料价格的上涨和节能要求的日益提高，目前普遍采用的方法是将小炉子的烟气集中起来回收余热。

76. 立管立式炉与卧管立式炉有什么不同?

立管立式炉的辐射管是直立的，一般辐射管较长，燃烧器是底烧的，和圆筒炉的辐射管相似，炉管上下传热不太均匀，辐射管平均热强度较小。热负荷大的加热炉，为了减少占地面积，向高处发展，一般均采用立管立式炉。

卧管立式炉的辐射管是水平的，一般辐射室的高度比立管立式炉低，燃烧器有底烧的，也有侧烧的。这种炉型辐射室较低，上部设计成斜肩式的，辐射传热均匀，炉管平均热强度大，火墙温度较高。

77. 加热炉的辐射室采用立管与水平管各有什么优缺点?

立管的优点是高合金钢管架用量少，占地面积小；缺点是气、液分离，有的厂发现介质下行，炉管易烧坏就是这个原因，所以焦化炉及减粘炉等一般都采用水平管。

水平管的优点是：炉管内气、液流动均匀，不易分离；缺点是：高合金钢中间管架用量多，炉外需留出抽管空间，占地面积大。

78. 热负荷大的加热炉常采用什么炉型?

热负荷大于 58MW 的加热炉应该采用立管立式炉，辐射室的炉管不仅沿炉壁排列，而且在炉膛中间也应适当排上炉管，以便充分利用炉膛空间，缩小炉子体积。

目前国外最大的加热炉热负荷已达 232MW 以上，采用的是立管立式炉。我国已建成投产的最大加热炉热负荷为 52MW，是一种辐射室排了两圈炉管的圆筒炉。

79. 圆筒炉内的辐射锥有什么作用？

在圆筒炉辐射室的上部曾采用过辐射锥，其作用是增加辐射炉管上部的传热量，以减少炉管上下传热的不均匀性。后来，由于圆筒炉的热负荷越来越大，采用辐射锥在结构、投资、高合金钢用量上都带来不利，而且辐射锥带来的好处在定量上也不够明确，所以近年来新设计的圆筒炉都不采用辐射锥了。

80. 单面辐射炉管与双面辐射炉管有什么不同？

单面辐射炉管是在辐射室内靠炉墙布置的炉管，它一面受火焰及高温烟气的辐射热，一面受炉壁的反射热。双面辐射炉管则布置在炉膛中间（一排或两排），两面受火焰及高温烟气的辐射。

双面辐射的单排管比单面辐射的单排管传热均匀，管子用量少，但炉子的体积大，型钢用量多，只有在炉管昂贵时才采用。双面辐射的双排管和单面辐射的单排管，传热的均匀性几乎一样，不能误解为双排管的双面辐射比单排管的单面辐射优越。

三、一般工艺知识

81. 加热炉的主要工艺指标是什么？

（1）热负荷：它表示加热炉生产能力的大小。

（2）炉膛温度：加热炉的炉膛温度不能太高，一般控制在800℃左右，但不是绝对的。炉膛温度高有利于辐射传热，但太高后会使炉管热强度高，容易使炉管结焦和烧坏。此外，进入对流室的烟气温度也会过高，对流管易烧坏。因些，炉膛温度是确保加热炉长周期安全运转的一个重要指标。增加辐射管面积可以降低炉膛温度，但要求受热均匀适量。过多增加辐射管，处理量并不能与炉管成比例增加，反而会浪费钢材。

（3）炉膛热强度（或叫体积热强度）：当炉膛尺寸确定后，多烧燃料就必然会提高炉膛热强度，相应地，炉膛温度也会提高，炉管的受热量也就增多。一般管式加热炉的炉膛热强度为：在烧油时应小于124kW/m^3；在烧气时应小于165kW/m^3。

（4）炉管表面热强度：炉管表面热强度越高，在一定热负荷下，所需要的炉管就越少，炉子体积可减小，投资可以降低，所以要尽可能地提高炉管的表面热强度。但是，提高炉管的表面热强度也受到一定的限制，这是因为：

①炉管热强度增加，管壁温度也会增加，靠近管壁处的油品就会因过热而裂解结焦，在结焦严重时，可能会引起炉管破裂。

②在炉膛内，炉管各处受热是不均匀的，因为炉管面对火焰处直接受火焰辐射，而背对火焰处则只受炉墙的反射热，所以面对火焰处受热强度就比背对火焰处高；在管长方向，靠火焰近处比远处受辐射热要大；从全炉看，各根炉管离火焰距离也不一样，炉管受的辐射热也不一样。为了保证高热强度处的炉管不结焦、不烧坏，只有合理地选用炉管热强度，使炉管各处的受热尽量达到均匀。

为了使辐射炉管表面热强度比较均匀，一般可以采用以下方法：

①尽量采用双面受辐射的炉管。单排炉管双侧见火，要比单侧见火受热均匀得多；双排炉管双侧见火，也要比单排炉管单侧见火受热均匀些。

②在圆筒炉内，为减小沿炉管长度的受热不均匀性，要选择合适的辐射室高径比，同时要选择合适的燃烧器，使燃烧器的火焰长度与炉管长度不能相差太大，例如辐射管长为15m，选用火焰长度为12～13m的燃烧器，这样炉管上下受热趋向均匀。

③在立式炉内，有的在炉子侧面采用多喷嘴；有的在两排喷嘴间加花墙；也有在炉子上部加喷嘴，以上措施都是为了改善炉管受热均匀。

（5）加热炉的热效率：热效率是衡量燃料消耗的指标，也是加热炉操作水平高低的指标之一。热效率越高，说明燃料油的有效利用率越高，燃料耗量就越低。

（6）油品在管内的流速及压力降：油品在管内的流速不能太低，否则易使管内油品结焦而烧坏炉管。因为流速太低时，管内边界层厚度大，传热慢，管壁温度升高，而且油品在管内停留时间长。

油品在管内的流速也不能太大，因为太大时，压力降也大，而压力降受泵扬程的限制，故流速是根据允许的压力降而确定的。

油品在炉管中的流速及压力降的大致范围见表3－1。

表3－1　油品在炉管中的流速与压力降

序号	炉子用途	油品质量流速/($kg/m^2 \cdot s$)	压力降/Pa
1	常压炉	1000～1500	$(6.9 \sim 14.7) \times 10^5$
2	减压炉	1000～1500(气化前)	$(2.9 \sim 5.9) \times 10^5$
3	沥青炉	1200～1500	
4	减粘炉	1400～2000	$(17.6 \sim 24.5) \times 10^5$
5	富油加热炉	1200～1700	$(2 \sim 3.9) \times 10^5$
6	轻馏分重沸炉	1200～1700	$(2.9 \sim 3.9) \times 10^5$

加热炉的压力降也是判断炉管是否结焦的一个主要指标。如果冷油流速未变、压力降增加，就是炉管结焦的象征。因为结焦后，炉管内径变小，油品的实际流速增加，压力降也就增加了。

82. 加热炉的特性指标是如何表示的？

在加热炉总图的图名上，一般均标明炉子特性指标。其意义用下例加以说明。

圆筒形立管式加热炉

1800—2.5—ϕ152/ϕ152

- ϕ152（后）——对流管外径(mm)
- ϕ152（前）——辐射管外径(mm)
- 2.5——公称压力(MPa)
- 1800——热负荷(MW)

83. 加热炉设计热负荷是如何确定的？

加热炉设计热负荷应采用正常设计工况下的计算热负荷。

84. 辐射室和对流室的热负荷是如何分配的？

辐射—对流型的加热炉热负荷分配如下。

（1）圆筒形立管式加热炉：

对流段采用光管时，辐射占75%～80%，对流占20%～25%。

对流段采用钉头管或翅片管时，辐射占70%～75%，对流占25%～30%。

（2）卧管立式炉：

辐射占70%～75%，对流占25%～30%。

85. 燃料燃烧的热量是怎样传给管内油品的？

加热炉在运行时，燃料燃烧所产生的热量通过管壁传给管内油品，以供给油品升温气化所吸收的热量。

在辐射室的燃烧器所喷出的火焰（包括发光火焰和不发光火焰），对炉管起着辐射传热作用；而高温烟气在通向辐射室出口进入对流室时冲刷炉管，对炉管起着对流传热作用。炉管的管壁起着导热作用，把热量由炉管外壁传到内壁，再传到油品。

从上面分析可以看出：在辐射室内炉管的传热有三种方式：辐射、对流和导热。在不同的部位，各由一种或几种传热方式起着作用。在几种传热方式起作用的场合，必有一种传热方式起着主导作用。在炉管外壁，以火焰、烟气、炉墙的辐射传热为主，烟气的对流传热为辅。在辐射室的炉管以辐射传热为主，对流传热为辅。在对流室内，则以对流传热为主。

86. 火墙温度的高低有什么意义？

在进行加热炉的传热计算时，过去一般都将火墙温度看作是辐射室的烟气平均温度。火墙温度越高，辐射管热强度越大，辐射室吸热越多。从另外一点来看，火墙温度越高，炉管壁温越高，管内油品越容易结焦。所以，现场都将火墙温度作为一个重要的指标来控制。但需要指出的是，对不同炉型及不同管内介质，所要求的火墙温度也是不同的。如果不分装置、不分炉型，笼统地将火墙温度控制在一个固定的温度（例如800℃），这是不科学的。例如，同样是减压炉，但卧管立式炉比圆筒炉允许的火墙温度约高100℃。当然，现场根据自己的操作经验，对各种用途的各种炉型分别规定一个控指指标是应该的，并且也是可能的。

87. 在工艺计算中采用燃料的高热值还是低热值？为什么？

在工艺计算中，一般采用燃料的低热值，因为高热值比低热值多了氢燃烧生成的水从蒸汽状态冷凝为水时所放出的热量。在工业应用中，由于燃烧生成的水均在蒸汽状态由烟囱排出，故水蒸气冷凝的热量未能加以利用，因而一般采用低热值而不采用高热值。

88. 辐射管热强度与哪些因素有关？

辐射管热强度是每平方米辐射炉管外表面在每小时内传入的热量，单位是 W/m^2。

影响辐射管热强度的有以下因素。

（1）沿炉管圆周受热不均匀：一排沿炉壁布置的炉管，每根管子向火面主要受火焰及高温烟气的辐射热量，而背火面主要受炉壁的反射热，向火面最前面一点的热强度最高，其他各点的热强度则逐渐降低。假如最高点的热强度为1，则整个圆周的平均热强度仅为0.562。如果热强度为1的一点是充分发挥了炉管的最大作用，则对整个圆周来说，管子表面利用率只有56.2%左右。

(2) 沿炉管长度受热不均匀：立管加热炉仅在下部烧火时，一般在炉管的下部和中部热强度最高。炉管上下不均匀程度与管子及火焰长短和燃烧器距炉管的距离等因素有关，一般不均匀系数（最大/平均）为1.2~1.5。

(3) 加热介质温度的影响：在炉膛温度一定时，管内介质温度不同则炉管的热强度也不同。管内介质温度越高，由于管外烟气与管内介质之间的温差小，所以传进去的热量就少，即热强度低；反之，管内介质温度越低，则热强度就越高。在设计时，热强度通常都是根据介质进出辐射管的平均温度来定的。

(4) 局部死角：每根炉管与火焰的相对位置，直接影响着各根炉管的传热量。圆筒炉炉管沿炉壁成圆周排列，火嘴位于中间，可以认为每根炉管的传热量是均匀的。对于方箱炉，角上炉管传热量比中间炉管传热量少，出现了局部死角，所以炉管之间的传热量是不同的。

89. 解决炉管受热不均匀性有哪些办法？

(1) 沿炉管圆周受热不均匀性的解决办法：各种排列的炉管，表面平均利用率如表3-2所示。

表3-2

管子排数	辐射条件	表面平均利用率　管心距 = 2 × 管外径
单排管	一面辐射 一面反射	56.2%
	双面辐射	83.8%
双排管	一面辐射 一面反射	31.15%
	双面辐射	54.4%

由上表可以看出，单排管双面辐射利用率最高，可见这种布置是解决炉管圆周受热不均匀性的最好办法。当然，其他如加大管心距、采用扁圆管也是有效的，不过在石油化工厂中很少用，只有在炉管很贵的化工装置上才采用这些措施减少管材用量。根据具体条件，可以通过采用单排管双面辐射（全部或局部）来提高加热炉辐射管的平均热强度。

(2) 沿炉管长度受热不均匀性的解决办法：在圆筒炉上加辐射锥、采用无焰燃烧、附墙火焰、阶梯形炉、底烧炉的辐射室上部加火嘴等等，都是为了解决这个问题而采用的不同措施。

底烧圆筒炉或立管立式炉要求火焰长度约为辐射管长的60%，这也是为了减少炉管上下的不均匀性。

(3) 由加热介质温度引起炉管受热不均匀的解决办法：在设计加热炉时，当然不可能保持所有炉管管壁温度相同，也就是说不可能根据每根炉管的介质温度供给不同的热量。但是，如果能将辐射管分为几部分，通过燃烧器进行分区调节的话，则可以提高平均热强度。这就是近来有分区计算、分区调节的原因。

(4) 局部死角的解决办法：减少局部死角的办法应该从炉管与燃烧器之间的相对位置及烟气流动场的分布两方面来考虑。老式的箱式炉由于角上的炉管传热比中间少，所以炉子设计者削去这个死角，使箱式炉变为斜顶炉。卧管立式炉辐射室上部作成斜肩式，也是为了增加上部炉管的辐射热及对流热。

除减少死角外，为防止局部过热，火焰距炉管不要太近，防止火焰舔管等也是提高平均热强度的必要措施。

90. 各种不同用途加热炉辐射管表面平均设计热强度如

何选用?

辐射管表面平均设计热强度应根据已有的设计经验确定，单面辐射、单排管可按表3－3选用；双面辐射、单管排可取表3－3数值的1.5倍。

表3－3 单面辐射、单管排辐射管表面平均设计热强度

管式炉名称	平均设计热强度/(W/m^2)	
	所有立管炉	立式炉或水平箱式炉
常压炉	30000～37000	36000～44000
减压炉	24000～31000	29000～37000
催化裂化炉	24000～31000	29000～37000
催化重整炉	25000～32000	29000～37000
焦化炉	—	29000～32000
预加氢炉	24000～35000	—
减粘加热炉	23000～27000	28000～31000
加氢精制炉	23000～31000	
脱蜡油炉	23000～31000	
丙烷脱沥青炉	18000～23000	
氧化沥青炉	16000～20000	
酚精制炉	17000～23000	
糠醛精制炉	17000～23000	
蒸汽过热炉	28000～35000	

91. 对流管热强度与哪些因素有关?

对流管的热强度是根据管内及管外的各种数据计算出来的。影响对流传热系数的因素如下。

管外：烟气重量流速越大，外膜传热系数越高；对流平均烟气温度越高，外膜传热系数越大；对流管外径越小，外膜传热系数越高。

管内：介质的质量流速越大，内膜传热系数越高；介质的粘度越小，内膜传热系数越大。

对流管热强度虽然受管内及管外各种因素的影响，但管内为液体时，控制总传热系数的主要因素还是管外条件，管内条件影响不大。

92. 圆筒炉的高径比是什么意思？

圆筒炉的高径比是辐射管有效长度（不包括急弯弯管的长度）与盘管节圆直径之比。一般圆筒炉的高径比不大于2.75。高径比太大，炉管上下传热不均匀；高径比太小，占地面积增加，炉膛体积增大，辐射室体积热强度减小，对传热不利。

93. 合理的加热炉设计要求是什么？

合理的加热炉设计必须符合以下要求：

（1）辐射管表面热强度要合乎最佳值。

（2）炉膛体积要小。

（3）辐射段与对流段传热分配比要合适，也即直接辐射系数符合推荐值。

当炉型结构不同时，在相同的辐射段烟气出口温度下，较合理的炉型结构可得到较高的直接辐射系数。在相同的辐射段烟气出口温度下，圆筒炉的直接辐射系数约为0.5～0.55。

（4）炉内除炉管以外的构造物要简易。

（5）炉管的尺寸、壁厚、材质等的选用要合理。

94. 加热炉辐射室设计的原则是什么？

在设计一个圆筒炉时，其辐射室的尺寸应满足以下要求：

（1）炉膛高度与理论火焰长度的比值为1.5～2之间。

①大炉子，大燃烧器，此比值常接近1.5。

②小炉子，小燃烧器，此比值常接近2。

各种燃烧器的火焰长度见表3－4。

表 3-4　各种燃烧器的火焰长度

烧油量/(kg/h)	火焰长度/m	烧油量/(kg/h)	火焰长度/m
60	2.2	300	6
100	2.5	400	10
200	3.8	500	12.5

(2) 高径比在理想范围内。

根据加热炉的设计热负荷，参考表 3-5 选取辐射管有效长度与盘管节圆直径之比 L/D'。

表 3-5　圆筒炉辐射管有效长度与盘管节圆直径比 L/D'

加热炉设计热负荷/MW	L/D'	
	最大	最小
≤3	2.0	1.5
3~6	2.5	1.5
>6	2.75	1.5

(3) 燃烧器中心线与炉管中心线之间的距离大于安全尺寸。

燃烧器中心与炉管中心的距离不能小于表 3-6 中的数值。

表 3-6　各种燃烧器与炉管中心的最小间距

烧油量/(kg/h)	燃烧器中心与炉管中心的最小间距/(mm)	烧油量/(kg/h)	燃烧器中心与炉管中心的最小间距/(mm)
60	1000	300	1500
100	1250	400	1600
200	1400	500	1700

(4) 燃烧器的数目与炉管的路数互相间最好成整数倍关系。

(5) 在相同的排管面积下，比之其他方案有最小的辐射室总外表面积。

(6) 辐射管的根数应为偶数，以保证原料进出口在炉顶的上方。

（7）实际的炉管根数应为管程数的整数倍。

95. 为什么辐射室炉管的进出口一般放在炉顶上方而不放在炉底？

在石油化工厂装置内的加热炉，其辐射室炉管的进出口绝大多数都是放在炉顶上方，个别的由于种种原因放在炉底。其原因是主要考虑炉顶上方空间比炉底大，便于管线的安装和检修，如果把辐射室炉管的进出口放在炉底，不但管线安装和检修不方便，更重要的是操作不方便。

96. 加热炉对流室设计的原则是什么？

在设计加热炉的对流室时，应满足以下要求：

（1）对流管表面热强度合乎最佳值。

（2）对流室的体积要小。

（3）对流管的尺寸、壁厚、材质等的选用要合理。

（4）对流室炉管的程数与辐射管的程数相同。

（5）在决定对流管的长度时应该考虑：

①按炉管长度的规定选用。

②不能影响辐射管向上抽，在辐射室顶部设置检修孔，以利辐射管的检修。

（6）在确定对流室的宽度时应考虑：

①每排炉管的根数应为对流管程数的整数倍。

②对流室的宽度不能超过辐射室节圆直径 D' 的内接正方形的边长（即小于 $0.707D'$），以保持对流室呈长方形。

（7）在确定对流室的高度时应考虑到最上一排炉管中心与对流室顶部衬里的距离不能小于炉管外径。

（8）对流管一般按等边三角形排列。

（9）对流管的管心距按以下要求选用：

①当采用光管时，管心距为 1.5～$2d_{外}$（$d_{外}$ 是对流管外径）。

②当采用钉头管或翅片管时，管心距为 $2d_{外}$。

97. 盘管结构设计的原则是什么？

盘管结构的设计应符合下列原则：

（1）在多程管系中，各层的水力参数和热力参数应均衡。

（2）辐射段、遮蔽段或对流段的内膜计算温度均不得高于被加热介质允许的最高温度。

（3）集合管内截面积与支管内截面积总和之比，当管内介质为液体时，应为 1.2～1.5；为气体时，不能小于 1。

（4）遮蔽段的炉管应采用光管。

（5）盘管的设计应根据正常操作和停工蒸汽—空气烧焦的膨胀量确定，并留出足够的膨胀空间；在高温下操作的炉管，应采取防止炉管弯曲的措施。

（6）盘管的管心距应符合表 3－7 的规定。在特殊需要的，也可以采用其他尺寸的管心距。

表 3－7　盘管的管心距

炉管外径/mm	管心距/mm	炉管外径/mm	管心距/mm
60	120　150	141	254　282
76	130　152	152	275　304
89	150　178	168	304　336
102	172　203	180	324　360
114	203　230	219	372　438
127	215　250	273	478　546

（7）辐射管中心线距炉壁内表面的最小距离一般应为管子外径的 1.5 倍。

（8）当遮蔽管内和辐射管内为同一种介质时，遮蔽管的设计条件不得低于辐射管；如遮蔽管内为另外的介质时，则应进行详细计算。

（9）圆筒炉辐射立管的最大有效长度一般不应大于18m，对端墙设置燃烧器的水平管管式炉，辐射管的最大有效长度不应大于12m。

（10）辐射管和遮蔽管采用轧制管时，如由于设计管长超过炉管相应标准中规定的最大通常长度时，允许焊接接长。但接头数量应尽量减少，且位于炉内低温部位。

（11）对流管伸出两端管板外表面的距离可采用150mm，但在任何条件下不得小于表3－8中所列的尺寸。

表3－8　炉管伸出两端管板外表面的距离 *A*

炉管壁厚/mm	6	8	10	12	14	16	18	20
A/mm	110	120	130	140	150	160	165	170

（12）圆筒炉辐射管有效长度（不包括急弯弯管的长度）与盘管节圆直径之比一般不应大于2.75。

98. 对流室的烟气流速一般选用多大？

在计算对流段的流通截面时，对流段的烟气质量流速应不超过1.5～4kg/(m^2·s)的范围。当采用光管时，一般采用1.5～2kg/(m^2·s)；当采用钉头或翅片管时，一般采用2～4kg/(m^2·s)。

对流段的烟气质量流速越大，对流传热系数越高，所需对流面积越少。但流速提高后，对流段的烟气阻力增加，在自然通风时所需烟囱就高，所以烟气流速的选用要适当，不要顾此失彼。如果为了防止污染而采用高烟囱时，烟囱的抽力有富裕，于是对流室便可以采用更高的流速。

99. 加热炉烟囱设计的原则是什么？

在设计烟囱时，烟囱的高度应符合以下要求：（1）在设计的过剩空气系数和最大热负荷工况下，炉内任何部位的负压值不应小于 20Pa。

（2）应符合环保规定。

（3）烟囱最低高度应比其周围 15m 半径范围内最高操作平台或建筑物高 3m 以上。

100. 烟囱内的烟气流速一般选用多大？

烟囱内的烟气流速一般采用如下数值：

（1）自然通风时，一般应不超过 5～8 m/s。

（2）强制通风时，一般应不超过 10～20 m/s。

101. 烟道内的气体流速一般选用多大？

在强制通风时，烟道内的气体流速一般应不超过 12～15m/s。

102. 热风道内的气体流速一般选用多大？

在强制通风时，热风道内的气体流速一般应不超过 12～15 m/s。

103. 冷风道内的气体流速一般选用多大？

冷风道内的气体流速一般采用如下数值：

（1）自然通风时，一般应不超过 6～8 m/s。

（2）强制通风时，一般应不超过 10～12 m/s。

104. 燃烧器的设计流量是额定流量的多少？

燃烧器的操作参数，如燃料油的物性和压力、雾化蒸汽的压力和温度等，均在一定的范围内变动。为保证燃烧器在较低的参数下操作时达到额定流量，其设计流量应在额定流量的基础上增加 25%，这样，即使在个别燃烧器停运检修时，仍能保证炉子的正常操作负荷。

105. 炉膛热强度有什么意义？

在管式炉内，炉膛不仅作为燃烧室，还要在炉膛内排管子，满足一定的工艺传热要求。因为炉膛热强度受炉管表面热强度所限，故加热炉的炉膛热强度为 60～120 kW/m^3，比锅炉（1000～1400 kW/m^2）小得多，所以根本不存在炉膛热强度太高而燃烧不完全的问题。但炉膛热强度太低，说明炉膛体积大，温度低，对燃烧及传热都是不利的。

106. 减压炉的辐射出口管为什么要扩径？

减压炉辐射出口的两个炉管为 $\phi 219 \times 10mm$，其余辐射炉管为 $\phi 152 \times 10mm$，材质均是 Cr5Mo。出口管扩径的目的是为了提高收率和提高炉出口气化率，为此，需在炉管内注入相当数量的蒸汽降低油气分压，以保证在较低的炉出口温度下有较高的气化率。高气化率和大注汽量又会使炉内的流速和压降迅速增加。另外，过大的流速会产生振动和噪声，甚至造成构件损坏，并且管内流速会受到临界速度（即噪声速度）的限制。所以，必须扩大辐射出口管的直径，使流速和压降控制在适当的范围内。但是，如果管径过分扩大，流速过分降低，又会使流型变坏，造成局部过热，也会引起油料的裂解而结焦。正确的解决办法是逐级扩大炉管的直径，保证油料在整个气化段一直处在良好的流型下进行着等温气化。

四、加热炉的热效率

107. 什么叫加热炉的热效率?

$$加热炉的热效率\ \eta = \frac{有效吸热量}{总放热量} \times 100\%$$

有效吸热量即为炉子的热负荷；总放热量一般为燃料的发热量。当炉子的热负荷不变时，热效率越高，则燃料用量越少。

108. 提高加热炉的热效率有什么意义?

全国炼油平均吨油总能耗约为（0.9～1）MW，占原油处理量的8%～9%左右；燃料油单耗约为30～40 kg/t 原油，而加热炉又占炼厂燃料消耗的35%左右，所以，提高炼厂加热炉的热效率，可大量节约燃料用量，对减少能源消耗是非常必要的，也是十分有效的。

109. 确定设计热效率应符合哪些要求?

设计热效率应按《石油化工管式炉热效率计算方法》的规定计算，其假定前提应按以下规定：

（1）热负荷采用设计热负荷。

（2）设计过剩空气系数按表4－1采用。

表4－1　设计过剩空气系数

燃烧器类型	过剩空气系数	
	烧　油	烧　气
自然通风	1.25	1.20
强制送风	1.20	1.15

（3）散热损失根据占总供热量的百分率确定：

一般无余热回收系统时，不大于2%；有余热回收系统时，不大于3%。

（4）基准温度采用15.6℃。

（5）环境温度采用建厂地区全年平均温度。

110. 用正、反平衡法计算加热炉的热效率有什么优缺点?

正平衡法：热效率 $\eta = \frac{热负荷}{燃料发热量} \times 100\%$

反平衡法：热效率 $\eta = \left(1 - \frac{各种热损失热量}{燃料发热量}\right) \times 100\%$

用正平衡法计算热效率时，需定出炉子的热负荷和燃料发热量，如果由于各种原因热负荷误差为1%时，热效率的误差也接近1%（这里假定燃料的发热量是准确的）。但在用反平衡法计算热效率时，由于各种热损失热量占的比例一般为10%~20%，所以即使测定误差为1%，对热效率的影响也仅为0.1%~0.2%。从这点看，计算热效率用反平衡法准确性大，另外，测定也比较方便，故现在采用较多。

111. 加热炉烟气取样点设在哪些位置?

（1）辐射室取样点，对有两个或两个以上的辐射室加热炉，每个辐射室的相应位置应安装烟气取样点，以便检查各室供风是否相同，单室炉可以不装。

（2）进对流室前设置烟气取样点，利用此点检查供给燃烧所需空气量的实际情况，控制燃烧器的风量。

（3）出对流室设置烟气取样点，利用此点的过剩空气系数计算炉子的热效率，并检验对流室的漏风情况。

（4）采用余热回收系统时，在空气预热器的前后均应设置烟气取样点。

112. 烟气取样点的安装需要注意哪些问题?

（1）在取样点的位置及附近不能漏风。

（2）取样点最好伸至烟气流通截面的中部，有困难时，伸入长度至少在500mm以上。

（3）控制燃烧供风的取样点必须放在进对流室前。

（4）测定热效率的取样点应放在烟囱的非涡流区。

113. 加热炉的烟气中一氧化碳含量应控制在什么范围内?

在加热炉的烟气中，一氧化碳（CO）的含量控制在0.015%~0.025%，以此作为参考标准，当烟气中的一氧化碳含量过低或消失时，则说明炉内空气过多；反之，如果一氧化碳含量高于此值，则说明炉内燃烧不完全。因此，可以根据烟气分析对加热炉进行调节，使燃料的燃烧接近于最佳状态。

114. 在分析烟气时，采用氧分析表好还是采用二氧化碳分析表好?

分析烟气中的 O_2 含量或 CO_2 含量都能定出过剩空气系数。在正常过剩空气系数下，燃料油烟气中的 O_2 及 CO_2 的体积总含量约为17%。过剩空气量大，则 O_2 含量所占体积百分数就越多。烟气中的氧主要来自过剩空气，燃料中的氧含量是很少的，所以各种不同燃料在过剩空气相同时，烟气中的氧含量相差很小。不同燃料由于碳氢比差别很大，所以由碳和氧化合生成的 CO_2 就有很大差别。在石油化工厂的加热炉中，由于单烧油、单烧气或油气混烧都存在，所以利用 O_2 分析表分析的控制过剩空气系数较为方便。

115. 影响加热炉的热效率有哪些因素?

影响加热炉的热效率主要有以下几个因素：

（1）炉子排烟温度越高，热效率越低。

（2）过剩空气系数越大，热效率越低。

（3）化学不完全燃烧损失越大，即排烟中的CO及H_2越多，热效率越低。

（4）机械不完全燃烧损失越大，即排烟中的未烧尽碳粒子含量越多，热效率越低。

（5）炉壁散热损失越大，热效率越低。

116. 提高加热炉的热效率有哪些措施?

提高加热炉的热效率主要有以下措施：

（1）减少热损失

①加强管理、制订合理的操作规程。

②控制“三门一板”、降低炉子的过剩空气系数。

③采用自控系统、计算机操作。

④采用氧化锆表控制辐射室的氧含量。

⑤减少炉壁散热损失。

（2）利用对流室多吸收热量

①对流室采用钉头管或翅片管。

②设置吹灰器。

③增加对流管或适当加长对流管。

④对流室内壁采用折流砖。

⑤纯辐射炉加对流室。

（3）增设余热回收系统

①采用回转式空气预热器。

②对流室采用冷进料。

③增设固定式空气预热器－钢管、铸铁管或玻璃管。

④采用热管式空气预热器。

⑤采用循环式热载体预热空气。

⑥采用废热锅炉。

（4）其他方法

①装设暖风器来预热燃烧空气。

②采用强制送风或大能量高强度燃烧器。

③多烧炼厂废气，消灭火炬。

117. 什么叫“三门一板”？

“三门一板”是指油门、汽门、风门和烟囱挡板。“三门一板”是一种加热炉操作方法的简称，即适当调节燃料油及雾化蒸汽的阀门，可以使各个燃烧器的火焰长短基本均匀，雾化良好。燃烧器风门或燃烧器的风道蝶阀与烟囱挡板的调节要互相配合。烟囱挡板开得太大，燃烧器风门或风道蝶阀关得过小，会使炉内负压过大，漏入空气量过多；挡板关得过小，风门或蝶阀开得过大，可能使炉内局部形成正压，使高温烟气漏出炉外。一般控制指标应使对流室入口负压为 $-2 \sim -4$mm Hg（$-20 \sim -40$Pa）。

118. 什么叫过剩空气系数 α？

燃料在燃烧时需要氧气，在空气中氧气体积约占 21%，氮气约占 79%，所以燃料在燃烧时需要供给空气。1kg 燃料油在燃烧时所需理论空气量（$\alpha = 1$）约为 14.2kg（11Nm^3）。在实际的加热炉中，由于从燃烧气进入的空气不可能全部都参与燃烧，另外，也由于从炉子其他不密封处漏入了空气，所以实际进入炉内的空气量总是比理论空气量多，前者与后者之比叫作过剩空气系数，即：

$$\alpha = \frac{实际空气量}{理论空气量}$$

过剩空气量为（$\alpha - 1$），例如：$\alpha = 1.35$，则过剩空气量为 0.35，即为 35%。

119. 过剩空气系数 α 太大有什么害处?

在加热炉的排烟温度一定时，α 大则排烟量大，因而通过烟囱排入大气的热量就多，这样就大大降低了炉子的热效率。例如：在排烟温度为400℃时，α 由 1.3 提高到 1.7，炉子的热效率约下降 6%。

α 大还会加剧炉管的氧化腐蚀；提高烟气的露点温度，加大低温腐蚀范围；另外，还会促进 NO_x 的形成而加剧环境的污染。

120. 减小过剩空气系数 α 应该注意什么问题?

减小过剩空气系数虽然有许多好处，但一个重要的前提是：必须保证燃料完全燃烧。否则会加大化学不完全燃烧和机械不完全燃烧的损失，在表面上看来减少了 α，提高了热效率，实际上加大了不完全燃烧热损失，炉子最终热效率并未得到提高，很可能燃料烧得更多了。

121. 如何减小过剩空气系数?

(1) 全面堵漏，将没有点火的燃烧器、人孔门、看火门、防爆门、对流及辐射弯头箱等处的不密封处全部堵死，尽量减少炉内的漏风量。

(2) 控制烟囱挡板，使炉内既不出现正压，也不要负压过大。一般加热炉都不是根据正压条件设计及施工的，炉内出现正压会使高温烟气漏出，加大热损失，还可能使炉外钢结构过热或烧坏，引起其他事故。炉内负压越大，空气漏入得越多。

(3) 改进燃烧器，采用加工合格、性能良好的燃烧器，油枪安装的位置上下左右要适中，尽量能使从燃烧器进入的空气与燃料完全混合。采用强制送风燃烧器，提高进风流速，改善进风方式，也可以降低过剩空气系数。

（4）保证燃料油的粘度在合适的范围内。

122. 加热炉的排烟温度一般是根据什么来确定的？

一般是根据进入炉子的管内介质温度来确定的。如介质进入炉子的温度为250℃，则炉子排烟温度一定高于250℃才能将烟气热量传给介质。炉子排烟温度越高，烟气与介质之间的温差越大，则炉子对流管越省，但热效率越低。过去采用的排烟温度与入炉介质温度之间的温差大部分都在100℃以上。由于燃料价格不断上涨，为了减少燃料用量，目前正在不断缩小这个温差值，有的设计采用了钉头管或翅片管，使该值缩小到50℃。

当采用余热回收系统时，最低排烟温度根据低温腐蚀条件决定。

123. 化学不完全燃烧的热损失对加热炉的热效率有什么影响？

化学不完全燃烧的热损失体现在排烟内含有CO和H_2。由于甲烷（CH_4）比其他高碳烃难燃烧，个别情况下可能还存在少量的CH_4。由于烟气中的H_2分析较困难，一般只分析CO。据国内有关单位的试验，烟气中含有CO时，必然也含有H_2。当$CO < 1\%$时，$CO/H_2 = 3.6$；当$CO > 1\%$时，$CO/H_2 = 2$。根据计算，当过剩空气系数$\alpha = 1.2$时，烟气中CO的体积含量如为0.2%，炉子热效率就下降1%。过去有的石油化工厂分析过CO含量占1.5%，炉子热效率将下降7%左右。所以，化学不完全燃烧所造成的热损失还是不小的，在操作中必须予以足够重视。

124. 机械不完全燃烧的热损失对加热炉的热效率有什么影响？

机械不完全燃烧的热损失体现在排烟内含有炭黑粒子。

烧油加热炉机械不完全燃烧的热损失一般不大，过去认为可以忽略不计，但近年来的研究认为，在燃烧不正常时，其数值在特定条件下不能忽视。例如某厂电站在烧任丘渣油时，烟气中的炭黑浓度为1616mg/Nm^3，热损失达15%，后来采用加水乳化燃烧后，炭黑浓度减少了90%以上。另外，未完全燃烧的炭黑粒子可能污染受热面，影响传热。炭黑粒子排入大气还会污染环境，带来多方面的危害。

125. 炉壁散热对加热炉的热效率有什么影响?

要准确计算炉壁散热损失是比较困难的,为简单起见,一般不进行计算,只是假定一个2%～3%的定值。圆筒炉的炉壁散热一般假定为2%,如果有余热回收系统,不大于3%。

降低炉壁温度可以减少散热损失并保证安全，但又提高了材料费用，因此，合理地确定炉子外壁温度，使两者有所兼顾是必要的。

126. 对流室采用钉头管有什么好处?

在对流室采用钉头管可以扩大加热面，提高加热炉的热效率。一般钉头管的面积相当于光管面积的2～3倍。钉头管的质量相当于光管的1.5～2倍，钉头管的热强度相当于光管的2～3倍。

采用钉头管的好处还在于可以提高管壁温度，减少低温露点腐蚀。在炼含硫量高的原油时，炉管需采用合金材料，但管外可以采用碳钢钉头（钉头温度低于470℃时)。

127. 低温露点腐蚀是什么意思？它与哪些因素有关?

燃料在燃烧时，其中的氢（H_2）和氧（O_2）化合生成水蒸气（H_2O)，而燃烧器大部分又采用蒸汽雾化，因而使炉子中的烟气带有大量的水蒸气。另外，燃料中的硫（S）在燃烧后生成二氧化硫（SO_2)，其中少量的SO_2进一步又氧化成三氧化硫（SO_3），三氧化硫与烟气中的水蒸气结合生成硫酸（H_2SO_4）。含有硫酸蒸汽的烟气露点大为升高，当受热面的壁温低于露点时，含有硫酸的蒸汽就会在受热面上凝结成含有硫酸的液体，对受热面产生严重腐蚀。因为它是在温度较低的受热面上发生的腐蚀，故称为低温腐蚀。由于只有在受热面上结露后才发生这种腐蚀，所以又称露点腐蚀。露点温度的高低除与燃料中的含硫量有关外，还与过剩空气系数和三氧化硫的生成量等因素有关。炉膛温度越高，过剩空气越少，则燃烧中的硫生成的 SO_2 被氧化成 SO_3 的份额就越小，露点温度越低。一般资料上提供的露点温度与燃料含硫量的关系并不完全相同就是这个原因。根据我国燃料的含硫量，露点温度一般在 105～130℃范围内。有条件时，在现场最好利用露点温度进行实际测定。

在操作过程中，如果受热面与烟灰接触面的壁温低于露点，除产生腐蚀外，还会使烟灰附着在受热面上，这种粘性积灰很难用一般吹灰的方法除去。由于积灰的存在，不但影响了传热效果，增加了烟气侧的流动阻力，还会加剧腐蚀，严重时金属腐蚀物和积灰还会堵塞通路。因此，在烧含硫燃料时，采取措施使与烟气接触的金属温度高于露点是十分重要的。

另外，影响腐蚀速度的因素有硫酸的浓度和壁温。浓硫酸对钢材的腐蚀速度很低，而当浓度为 50% 左右时，硫酸对碳钢的腐蚀速度最大。对壁温来说，温度高时，化学反应速度较快，腐蚀速度加快。所以，由于各个低温部位硫酸浓度和壁温不同，腐蚀速度是有差别的。

减少低温露点腐蚀，最重要的是使管壁或加热元件的壁温高于露点，或采用耐腐蚀材料。提高壁温可以通过提高管外或管内的介质温度来达到，例如低温油进料的入炉温度应在100℃以上，空气预热器应采用热风循环，或利用其他介质将入口空气温度提高到60℃以上，另外，减少过剩空气，低温部位采用可拆卸式结构等也是经常采用的有效措施。

五、炉　　管

128. 炉管常用哪几种管径？

加热炉的炉管常用以下几种管径（单位：毫米）：$\phi60$、$\phi89$、$\phi102$、$\phi114$、$\phi127$、$\phi152$、$\phi219$。对于 $\phi219$ 炉管，在使用前应作经济比较后确定，在一般情况下不推荐使用。

129. 炉管常用哪几种长度？

加热炉的炉管常用以下长度（mm）：2000、2500、3000、3500、4000、4500、6000、8000、9000、10000、12000、14000、15000、16000、18000。

130. 炉管常用长度有什么要求？

圆筒炉辐射立管的最大有效长度一般不应大于 18m，对端墙设置燃烧器的水平管管式炉，辐射管的最大有效长度不应大于 12m。

131. 炉管常用哪几种厚度？

加热炉的炉管壁厚通过计算以后，按表 5－1 进行选用。

表 5－1　炉管常用壁厚

炉管外径/mm	炉管壁厚/mm	炉管外径/mm	炉管壁厚/mm
$\phi60$	5、6、8	$\phi127$	6、8、10
$\phi89$	6、8、10	$\phi152$	6、8、10、16、20
$\phi102$	6、8、10	$\phi219$	8、10、12、14
$\phi114$	6、8、10		

132. 炉管材质的选用和壁厚计算应符合什么规定？

炉管材质的选用和壁厚计算应符《石油化工管式炉炉管

壁厚计算规定》（SHJ 37－91）的规定。

133. 辐射炉管和对流炉管的材质是否要求牌号一致?

对流段和辐射段的操作温度及炉管表面热强度不同，必要时可以选用两种材质；遮蔽管的材质应和辐射管一样。如有关于对辐射室内各区的传热特性、温度及介质腐蚀情况的足够数据，辐射室内的炉管也应分段采用不同的材质。有时，管内操作条件不变，但可能由于热强度较高而使管材需要升级选用，这时，也可选用较低的热强度，这样做虽然增加了炉管，但材料便宜了，其结果还是经济的。

134. 辐射炉管直径如何确定?

炉管截面积是根据管内的质量流速选用的。但流速决定后，可以用一根大管子，也可以用几根小管子。管径越大，路数越少，管壁越厚；管径越小，路数越多，管壁越薄。路数少了便于控制，但管壁加厚又增加了投资。从强度计算上考虑，炉管厚度与炉管外径大小成正比。在操作条件不变时，ϕ219 炉管的厚度比 ϕ114 炉管的厚度几乎增加了 1 倍。所以除了必须或有其他特殊要求外，从经济上考虑，一般不推荐采用 ϕ219 炉管。如果选用太小的管子，路数多了难以分配均匀；炉管虽省了，却增加了控制系统的投资。所以辐射炉管的大小应全面综合考虑。高压炉管的管径及路数的选用更应慎重对待。

135. 对流炉管直径如何确定?

对流炉管直径大，则管壁厚、路数少、流量控制容易；炉管直径小，则管壁薄、路数多、流量控制较难；这些特点和辐射管同。

辐射炉管直径不同时，只要“管心距/管径”之比不变，排管所占面积是相同的。也就是说，不管采用多大炉管，在相同的传热面积下，辐射室尺寸不会有多大变化。而对流室则完全不同，假定对流室宽度和“管心距/管径”基本不变，每一排对流管所排炉管面积是相同的。但各排炉管之间的距离则随着管径不同而变化，炉管直径越大，则排心距越大，对流室越高，所以对流室采用小管径可以降低对流室高度。另外，对流管的外膜传热系数也随管径的缩小而加大，它与管子外径的0.333次方成反比。

对流管采用小管径比采用大管径优点多，所以锅炉对流段均采用多路小管径，其中水的分配不均匀不会带来严重的后果。在石油化工厂的加热炉中，对流管与辐射管一般是串连在一起的，原料油在各路盘管中分配是否均匀是影响炉管寿命、操作周期、油品质量的关键问题，所以采用的对流管比锅炉对流管大。但在一般条件下，对流室是不推荐用ϕ219炉管的。对流室过热蒸汽管本应采用小管径，但有时为了统一管径，改变热负荷后可与油管互换及简化设计和配件制造，所以往往对数量不多的蒸汽管也用了与油管相同的规格。

136. 如何考虑炉管壁厚的使用寿命？

炉管壁厚的使用寿命按以下情况考虑。

（1）长期开工大于8000小时/年，按10万小时设计。

（2）开工6000~8000小时/年，按8万小时设计。

（3）间隙开工，按2~4万小时设计。

137. 如何考虑炉管的腐蚀裕量？

在没有相应腐蚀数据的情况下，炉管的最小腐蚀裕量按以下选用。

（1）用于烃加工，碳钢和铁素体钢为3mm。

（2）用于烃加工，奥氏体合金钢为1.5~3mm。

（3）用于蒸汽，铁素体合金钢为1.5mm。

138. 炉管壁厚加厚有什么优缺点?

因为炉管内走油，管外是明火加热，温度不均匀，容易引起局部过热，发生爆炸后会引起严重火灾，带来巨大的损失，所以炉管的设计一定要慎重对待，要保险。但是也不要任意加厚。炉管太厚，虽然对某些种类的腐蚀使用年限增加了，但对于与厚度无关的晶间腐蚀和应力腐蚀等并未带来好处，反而会使热应力加大。另外，炉管金属耗量占炉子钢材总量的40%~50%，投资占60%以上，如果加厚2mm，对热负荷47MW的炉子，总钢材用量就增加约40t，占11%。

139. 为什么炉管外径与工艺管线的外径不同?

这是由于历史原因造成的。在50年代从国外进口的装置中所采用的斜顶炉，大部分炉管直径都是$\phi 60$、$\phi 89$、$\phi 102$、$\phi 114$、$\phi 127$、$\phi 152$和$\phi 219$mm。由于考虑到以后的检修方便，所以回弯头也按这几种规格标准化了。后来的加热炉也按这几种炉管规格进行设计，原冶金部于1963年也将这几种炉管规格定为部颁标准。上述规格与装置工艺管线规格并不完全相同，虽然给管线的连接带来了困难，但对于生产、检修、配件都有好处，如重新对炉管进行调整及修改也会存在不少问题。

对公称直径相同但外径不同的炉管，与工艺管线焊接连接时，应采用大小头；法兰连接时，由于炉管专用法兰上的螺栓孔和中心圆直径均匀同等级的一般法兰相同，故不存在问题。

140. 10#和20#碳钢炉管有何优缺点?

10#钢含碳量为0.1%，强度较低，伸长率较高，适用于胀接炉管，可焊性良好。

20#钢含碳量为0.2%，强度较高，伸长率较低，不适用于胀接炉管，可焊性尚好。

141. 从对流转入辐射的转油线规格、材质及焊接要求与对流管是否相同?

从对流转入辐射的转油线规格、材质及焊接要求与对流管的规格、材质及焊接要求完全相同。

六、钉头管与翅片管

142. 什么叫钉头管？

为了提高对流管烟气侧的传热系数，在对流管的外壁上焊接一定数量一定规格的钉头，这种焊有钉头的炉管称为钉头管。

143. 什么叫翅片管？

为了提高对流管烟气侧的传热系数，在对流管的外壁上焊接一定数量一定规格的翅片，这种焊有翅片的炉管称为翅片管。

144. 钉头管及翅片管用在加热炉的什么部位？

钉头管及翅片管均用作加热炉的对流炉管。加热炉的辐射炉管不采用钉头管及翅片管。

145. 钉头管及翅片管有什么作用？

加热炉的对流炉管采用钉头管或翅片管，其主要作用是扩大加热面积，提高加热炉的热效率。

146. 钉头管使用的条件是什么？

钉头管使用的条件是：烟气温度不得低于380℃。钉头管可用于烧油或烧气的加热炉，但必须装吹灰器，每排吹灰器可考虑上下各吹3～4排钉头管。钉头管不可用于烧污油或高粘度渣油的加热炉。

147. 翅片管使用的条件是什么？

翅片管使用的条件是：烟气温度不得低于380℃；加热一般只能烧气。当烧重油时，翅片间距不能小于2片/

25mm。烧污油或高粘度渣油的加热炉不能用翅片管。

148. 钉头管及翅片管材料与焊接方法是什么？

钉头管及翅片管材料与焊接方法见表 6－1。

表 6－1 钉头管及翅片管材料与焊接方法

炉管材料		碳钢（10#、20#）	Cr5Mo	1Cr18Ni9Ti
翅片	材料 焊接方法	1mm 厚，1Cr13 钢带 电阻点焊	同左 同左	同左 CO_2 保护焊
钉头	材料 焊接方法	ϕ12，Q235－A·F 圆钢 电阻焊或埋弧焊	同左 埋弧焊	— —

149. 钉头管制造的技术条件是什么？

钉头管应按以下条件进行制造：

（1）钉头底部应有 80% 以上的面积与炉管金属熔合在一起。

（2）钉头应垂直于炉管，其偏斜度不大于 2mm，钉头沿炉管圆周及纵向的距离误差不超过 ±2mm。

（3）钉头总数允许误差 2%。

（4）钉头管的纵向弯曲沿全长不得超过 8mm。

（5）钉头分别以 ϕ10mm 以上的圆钢酸洗后冷拔制成。

（6）钉头管在焊接后，管子应经水压试验，试验压力按“钉头管制造图”上的要求进行。

150. 钉头和翅片的材料最高使用温度是多少？

钉头和翅片的材料应根据其端部的最高计算温度按表 6－2 选用。

表 6-2　钉头和翅片材料的最高使用温度

钉头材料	最高使用温度/℃	翅片材料	最高使用温度/℃
碳钢	510	碳钢	450
$5Cr-\frac{1}{2}Mo$	600		
11－13Cr	650	11－13Cr	600
18Cr－8Ni	815	18Cr－8Ni	815

七、配件及构件

151. 加热炉有哪些配件及构件?

加热炉的配件是指在现场制造以外的订货零件。主要包括:燃烧器、吹灰器、挡板、地面调节机构、风道蝶阀、回弯头、急弯弯管、钉头管、翅片管、管架、炉管拉钩、炉管吊钩、对流铸造管板、铸造门类(包括防爆门和看火门)、弹簧吊架等。

加热炉的构件是指在现场能制造的零件。主要包括:定位管、导向管、测压管、热电偶套管、烟气取样管、排水管等。

152. 弯头的分类及表示方法如何?

(1) 弯头分为堵头式胀接或焊接回弯头和急弯弯管。

(2) 表示方法:

①急弯弯管。急弯弯管的弯转角度为 90°、炉管外径和壁厚为 $\phi152\times10$mm、管心距为 152mm 时,其表示方法为:90°—$\phi152\times10$—152。

急弯弯管的弯转角度为 180°、炉管外径和壁厚为 $\phi152\times10$mm、管心距为 304mm 时,其表示方法为:180°—$\phi152\times10$—304。

②堵头式胀接或焊接回弯头。回弯头的弯转角度为 180°、炉管外径和壁厚为 $\phi152\times10$mm、管心距为 304mm、公称压力为 2.45MPa($25kgf/cm^2$)时,其表示方法为:2.45(25)—180°—$\phi152\times10$—304。

当两种不同管径相连接时，采用异径回弯头。如：弯头的弯转角度为180°、炉管外径分别为ϕ152mm和ϕ219mm、管心距为372mm、公称压力为2.45MPa（25kgf/cm^2）时，其表示方法办：

2.45（25）—180°—ϕ219/ϕ152—372。

153. 急弯弯管、堵头式胀接或焊接回弯头的选用应符合哪些规定?

急弯弯管、堵头式胀接或焊接回弯头的选用应符合以下规定：

（1）急弯弯管的材质应和相连炉管的材质相同。其厚度不得小于炉管的壁厚。

（2）堵头式回弯头的设计压力应与所连炉管相同，其设计温度应等于管内被加热介质的温度加30℃。

（3）当采用堵头式回弯头并需要机械法清除管内的结焦和积垢时，应采用双孔堵头式。在立管炉上采用带堵头的回弯头时，盘管上部应为双孔堵头式，而下部则可采用单孔式。

（4）对急弯弯管连接的盘管，如需在检修时对炉管内部进行检查或放空，可在适当部位设置堵头式回弯头。

（5）180°急弯弯管和回弯头常用的管心距应按表3－6选用。

154. 急弯弯管用什么管子制造?

加热炉用的急弯弯管是用炉管来制造的，不能用其他管子制造。

155. 急弯弯管使用在什么地方?

在80年代以前，急弯弯管主要在加热炉对流室及对流入辐射的转油线上使用，在辐射室也用一部分。当辐射炉管采用座管时，急弯弯管用在炉管的上部；当辐射炉管采用吊管时，急弯弯管用在炉管的下部。在 80 年代以后设计的加热炉辐射盘管，上下均采用急弯弯管，如武汉石油化工厂的常压炉辐射炉管采用的吊管，但在炉管的上部和下部均采用 180°的急弯弯管，从 1981 年 6 月投用到现在均正常，未出现异常情况。

156. 目前加热炉的对流室常用哪两种管板？

在目前，加热炉对流室两端用的管板通常是用 Q235 – A ·F 在现场制造；对流室中间用的管板则是采用铸造管板。

157. 管板的结构设计应符合哪些原则？

管板的结构设计应符合下列原则：

（1）对流段的两端管板和中间管板的分块应保持相同。

（2）两端管板上的管套内径与光管或钉头、翅片管的外径之差不得小于 8mm。

（3）管板的设计应能防止扩大表面管的机械损伤，并使炉管易于拆除和穿入。

（4）座落在管板上的钉头应不少于 3 排；座落在管板上的翅片应不少于 5 圈。

（5）管板的结构与固定应考虑管板自身的热胀与冷缩。

（6）在两端管板的烟气侧应设置耐火隔热层，当采用轻质耐热混凝土隔热时，其厚度：对流管板不应小于 75mm；辐射管板不应小于 125mm。耐火隔热层应采用保温钉固定。

158. 炉管拉钩的位置如何确定？

对于立管式加热炉，辐射管均应设置炉管拉钩，炉管拉钩的位置按以下情况确定：

（1）当辐射管为座管时，炉管拉钩的位置距炉管上端的距离为炉管全长的 1/3 ~ 1/4。

（2）当辐射管为吊管时，炉管拉钩的位置距炉管下端的距离约为炉管全长的1/3。

159. 看火门有什么作用？

看火门的作用是用来观察辐射室内燃烧器燃烧的火焰颜色、形状及长短；此外，还用来对炉管、弯头、拉钩、吊钩、热电偶、炉墙、炉顶衬里、炉底衬里、火盆砖等进行观察，检查在运行中是否有烧坏或变形等异常现象。

160. 看火门的个数及位置应满足什么条件？

看火门的个数及位置应能满足看到所有燃烧器的燃烧情况，并能满足在操作中对所有炉管、弯头、拉钩、吊钩、热电偶、炉墙、炉顶衬里、炉底衬里、火盆砖等进行全面的观察。

161. 在圆筒炉的炉底设置球形看火门的目的是什么？

在圆筒炉的炉底一般都设置有球形看火门，其目的是为了检查辐射管的弯曲程度和检查燃烧器的燃烧情况，以及炉顶衬里情况。

162. 防爆门有什么作用？

加热炉在正常操作中是不会发生爆炸事故的。一般炉子爆炸事故大部分都是在开工点火期间发生的。在未点火前，由于燃料瓦斯阀门关不严，或多次点火未点着，而使炉膛内存有可燃气体时，在点火中就容易发生爆炸。在这种情况下，炉膛压力将防爆门推开泄掉一部分炉内压力，以减轻炉子的损失。但是，有防爆门的炉子，并不能完全避免在炉内发生爆炸后炉体不受损失。国内石油化工厂的加热炉曾发生过炉内爆炸，使炉子严重损坏。所以严格执行操作规程，在点火前及时用蒸汽吹扫炉膛，在点火时如未点着也必须及时吹扫，这是防止炉内爆炸的最根本的最有效的防爆措施。另外，炉管在操作中爆裂，大量油品流入炉膛也会引起爆炸，所以定期检查炉管壁厚，并在操作中按时观察也是十分重要的。

163. 防爆门的位置应设置在什么地方？

在设计加热炉时，确定防爆门的位置非常重要，如果位置不当，当炉子发生爆炸时会造成不必要的损失。为此，防爆门应设置在易爆的地方和无人通行的地方。

164. 设置防爆门的数量如何确定？

在设计加热炉时，防爆门的数量按以下规定设置：

（1）炉子热负荷小于5MW时，设1个防爆门。

（2）炉子热负荷为5~10MW时，设2个防爆门。

（3）炉子热负荷大于10MW时，设3个防爆门。

当一个炉膛分隔为几间时，每间至小一个防爆门。没有对流室的小圆炉，如果是烧瓦斯时，应设防爆门；如烧油时，在锥段设置一个人孔门（并当作防爆门用）。

165. 设置人孔门的数量如何确定？

在设计加热炉时，正确决定人孔门的数量，对加热炉的检修、安装十分重要。人孔门的数量按以下规定设置：

（1）单室炉膛至少设置一个人孔门。

（2）多室炉膛每个室至少应设置一个人孔门。

（3）小圆筒炉因炉底地方小，没有地方设置时，可利用喷嘴开孔作为人孔门。

（4）对流室出口的烟道上部或烟囱下部应设一个人孔门。

166. 什么叫定位管？

定位管是为了防止加热炉辐射室垂直炉管的侧移，而在辐射管的悬臂端弯头上焊接的部件。

167. 定位管常用的规格及材质如何选用?

定位管的规格及材质按以下规定选用:

(1) 垂直炉管采用吊管时, 炉管 $\phi60$、$\phi89$、$\phi102mm$ 的定位管采用 $\phi42 \times 4mm$, 材质采用 Cr5Mo 或 18 – 8; 炉管 $\phi127$、$\phi152$、$\phi219mm$ 的定位管采用 $\phi60 \times 5mm$, 材质采用 Cr5Mo 或 18 – 8。

(2) 垂直炉管采用座管时, 炉管 $\phi60$、$\phi89$、$\phi102mm$ 的定位管采用 $\phi42 \times 4mm$, 材质采用 $10^{\#}$ 或 $20^{\#}$ 钢; 炉管 $\phi127$、$\phi152$、$\phi219mm$ 的定位管采用 $\phi60 \times 5mm$, 材质采用 $10^{\#}$ 或 $20^{\#}$ 钢。

168. 导向管使用的条件是什么?

导向管使用的条件是: 在垂直炉管采用吊管时, 炉底应设置导向管。

169. 导向管采用什么材质?

导向管采用 $10^{\#}$ 或 $20^{\#}$ 无缝钢管; 或用厚 4mm 的 Q253—A·F 卷制而成。

170. 导向管与定位管之间的间隙是多少?

导向管与定位管之间的间隙为 10 ~ 15mm。

171. 对导向管有什么要求?

要求导向管不积存污物, 应设计成能随时排出污物的结构。

172. 设置灭火蒸汽管应符合哪些规定?

灭火蒸汽管应按以下规定设置:

(1) 辐射室灭火蒸汽管的数量一般应按 $100m^3$ 辐射室体积设置一个公称直径为 40mm 的灭火蒸汽管。

(2) 采用带堵头的回弯头时, 或在介质腐蚀性强, 冲蚀性强的焊接弯头箱内, 均应设置灭火蒸汽管。

173. 炉膛灭火蒸汽管有什么作用？当灭火蒸汽管不够用时怎么办？

炉膛灭火蒸汽管的主要作用是输入蒸汽，以取代并排除炉内爆炸气体，从而达到灭火和防爆的目的。当灭火蒸汽管喷入的蒸汽不够用时，可以从燃烧器向炉内喷入蒸汽。

174. 炉膛灭火蒸汽管采用什么蒸汽？

炉膛灭火蒸管采用过热蒸汽，而不能采用低压汽和饱和蒸汽。

175. 炉膛灭火蒸汽管的规格及材质如何选用？

炉膛灭火蒸汽管可以用 $\phi45\times4$mm 和 $\phi60\times4$mm 两种规格，其材质采用 $10^{\#}$ 或 $20^{\#}$ 无缝钢管。

176. 炉膛灭火蒸汽管总管的截面积比分管的总面积大多少？为什么？

一般要求炉膛灭火蒸汽管总管的截面积比分管的总面积大 1.5 倍，其目的是为了保证各分管内有足够的蒸汽量，以便能尽快的排除炉内爆炸气体。

177. 加热炉测压管的位置及数量如何确定？

加压炉测压管的位置及数量按以下规定设置：

（1）炉底、对流室入口和烟囱挡板下部至少各装一个测压管。

（2）标定用的测压管按需要另外增设。

178. 加热炉炉膛测温点的位置及数量如何确定？

加热炉炉膛测温点的位置及数量按以下规定设置：

（1）在辐射段出口及对流段出口至少各装一个测温点。

（2）多室炉膛各室出口均应装测温点。

（3）标定用的测温点按需要增设。

179. 加热炉炉管测温点的位置如何确定？

加热炉炉管测温点的位置按以下规定设置：

(1) 介质进口及出口均应有测温点，热电偶应与介质流向逆向安装。一般该测温点均安装在工艺管线上。

(2) 热负荷在20MW以上的加热炉，在对流入辐射的转油线上应装测温点。炉管为多路、或对流段采用钉头管或翅片管时，在转油线上安装测温点更加重要。

(3) 炉管为多路时，各路出口安装测温点及流量计是十分重要的。

180. 加热炉压力表的位置如何确定?

每一路炉管的介质进口及出口均应安装压力表，以测定介质进、出口的压力（通常在工艺管线上安装）。

181. 对加热炉的排水有什么要求?

加热炉的排水十分重要，在设计加热炉时应予充分的重视，必须满足以下要求：

(1) 加热炉的炉顶及其他部位均不得积存雨水。

(2) 与炉膛衬里连通的炉顶钢板焊缝应满焊，以免雨水漏入。

(3) 炉底及加热炉的周围应考虑排水及排污措施。

182. 弹簧吊架使用的条件是什么?

这里指的弹簧吊架是在对流入辐射的转油线上用的。其使用条件是：当辐射炉管为座管时，在对流入辐射的转油线上应设置弹簧吊架来承担转油线的重量，以便使辐射入口管能自由膨胀而不致弯曲。其他情况不设弹簧吊架。

八、燃 烧 器

183. 燃烧器是如何分类的?

在管式加热炉内，液体燃料或气体燃料的燃烧，是通过燃烧器进行的。

为了使燃料的燃烧合理，根据燃料的性质和燃烧要求的不同，目前有各种形式的燃烧器。

(1) 按通风的方法分：有自然通风和强制送风燃烧器。

(2) 按燃料的种类分：有气体燃烧器、液体燃烧器和油—气联合燃烧器。

①气体燃烧器又分为：

外混式燃烧器——瓦斯喷出后再与空气混合，其火焰较长。

预混式燃烧器——全部空气或部分空气（半预混式）先与瓦斯混合后再喷入炉内燃烧。

②液体燃烧器（按雾化方法分）：（见下页）

- 雾化剂雾化
  - 高压喷嘴
    - 蒸汽雾化
    - 压缩空气雾化
    - （蒸汽雾化、压缩空气雾化）外混式，内混式、中间混合式（如 Y 型喷嘴）
  - 低压空气雾化喷嘴（根据空气进入的方式分）
    - 直流式
    - 交叉流式
    - 涡流式
    - 湍流式
- 机械雾化
  - 机械雾化燃烧器
    - 唧筒式
    - 涡流式
    - 离心式
      - 回流式
      - 简单压力式
  - 电动旋杯式机械雾化燃烧器
- 联合雾化
  - 蒸汽——机械雾化燃烧器
  - 空气——机械雾化燃烧器
  - 蒸汽——低压空气雾化燃烧器

184. 燃烧器的重要性是什么？

管式加热炉是由燃烧器烧火供给热量，再将热量通过炉管传给油品，所以火焰与炉管的相互关系就成为加热炉的主要问题。燃烧器是供应热量的设备，也是消耗能量的设备。燃烧器的设计、选用、制造及操作的好坏直接关系到加热炉热效率的高低及运转周期的长短。如果脱离开燃烧器去谈一个加热炉的好坏是不全面的，更是不现实的。

185. 对燃烧器的基本要求是什么？

燃烧器是管式加热炉的关键设备之一，其好坏直接关系到加热炉的热效率及工艺过程，因此，对燃烧器提出以下要求：

（1）适应不同炉型的需要，保证炉膛必须的热强度。

（2）要保持连续稳定的燃烧，就应具有一定形状，一定长度、平稳而不熄灭的火焰。火焰的颜色为桔黄色，其回火和脱火的可能性小。

（3）过剩空气系数小，燃烧完全，燃料气与空气完全、均匀地混合。

（4）对于液体燃烧器，在要求调节的范围内能使各种燃料油均匀雾化。

（5）满足工艺要求，操作弹性大，调节性能好，操作简单、可靠，工作时无噪音。

（6）不堵塞、不漏油、不结焦。

（7）结构简单、紧凑、体积小、重量轻。

（8）操作费用小，维修、更换方便。

186. 油—气联合燃烧器由哪几部分组成？各有什么作用？

管式加热炉常用油—气联合燃烧器，这种燃烧器由三部分组成：油嘴、气嘴和火道（见图 8-1）。

（1）油嘴的作用：蒸汽和燃料油在喷头内混合，由喷头喷出，喷头小孔排成一圈，油喷成圆锥形的油雾层。

（2）气嘴的作用：由 8 根瓦斯气管排成一圈，瓦斯气经过喷头喷出。

（3）火道的作用：由两层火道砖组成，在火道内形成高温区、稳定燃烧火焰；约束空气与燃料良好混合；两层火道砖可以分开二次供风，一次风从内层火道砖进入，供风处有一次调风器；二次风经过二次调风器从外层火道砖内侧进入。一次调风器开大，二次调风器关小，则火焰较短，反之则火焰较长。

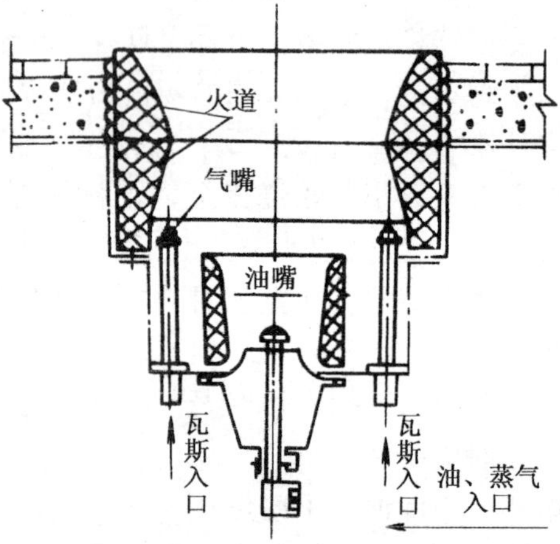

图 8-1 油一气联合燃烧器

187. 油一气联合燃烧器的特点是什么?

在油一气联合燃烧器内有油嘴和气嘴。石油化工厂自产燃料瓦斯较多，希望将其完全烧掉，热量不足部分，再用燃料油加以补充。所以一般均采用油一气联合燃烧器。这种燃烧器可以单独烧油、单独烧气、也可以油气混烧。但在油气混烧时，由于燃料与空气混合不好，故火焰较长，而且成形较差，所以一个燃烧器最好烧一种燃料。油、瓦斯均有时，可以在某些燃烧器内单烧油，在其他燃烧器内单烧瓦斯。同时燃烧两种燃料时，应采取措施维持一种燃料的恒定负荷，而以另一种燃料控制炉管内的介质温度。在较长时间内单烧瓦斯而不烧油时，应将油枪拔出来或通入少量蒸汽以防烧坏。

油一气联合燃烧器的调风器及火道是按一种燃料的最大能量设计的。如果在一个燃烧器内，燃料油和瓦斯的总燃烧量过多，在自然通风燃烧时，会发生供风量不足、燃烧不完全及火焰过长等现象。

188. 加热炉常用哪几种燃料？

石油化工厂的管式加热炉常用的燃料有燃料油和燃料气两种。

炼油厂用的燃料油均为厂内自产重质油，如减压渣油、常压重油、裂化残油及其他装置的残渣油等，其中用得最多的是减压渣油。

炼油厂所用的燃料气分为炼厂燃料气和装置所产燃料气。炼厂燃料气是各种装置燃料气的混合物，其成分和性质随原油性质、加工方案、操作条件等的变化而有很大的差别。产生燃料气量大的炼油装置有催化裂化、热裂化、焦化和铂重整等。

189. 燃料燃烧必须具备哪些条件？

燃料的燃烧必须具备两个条件：一是空气（氧气）；二是火源或者温度，这两个条件缺一不可。

190. 在瓦斯管线上安装阻火器的目的是什么？

不论高压瓦斯或低压瓦斯，在正常操作下，只要在瓦斯管道内不混入空气，而瓦斯又有一定压力喷出时，火焰是不会回到瓦斯管道内去的，但在开、停工时，若瓦斯管道内存有空气，或在法兰松动及阀门失效时有空气漏入管内，有可能引起火焰回到管内，并蔓延到整个管网及设备内而引起爆炸，因此，在瓦斯管网上必须装阻火器。在瓦斯管网上一般采用的是多层铜丝网或阻火器，由于铜丝网散热降温，使火焰不致于向另一侧蔓延。防止回火也可以采用水封式阻火器。

191. 自然通风燃烧器改为强制送风有什么好处？

自然通风燃烧器是利用炉膛内与大气之间的压力差将空气吸入的。外界大气为常压，而在燃烧器处一般均有 98 Pa 左右的负压，这个压差足以克服空气经过燃烧器的阻力降而供给燃烧所需要的空气。当改为强制送风后如仍采用这种自然通风燃烧器，虽然可以供给有压力的空气，增多空气量，但是，由于其他条件未改变，燃烧器进风处也只需要维持自然通风条件下的常压就可以满足空气需要量。如过多供给空气，不但没有必要，反而会降低加热炉的热效率；如果将调风器关小，风压可以憋上去，这样作的结果只能白白浪费动力，对燃烧并未带来什么好处。

从以上可以看出，如果自然通风燃烧器的结构和能量均不改变，而将自然通风改为强制送风，仅对控制噪声、减少刮风对火焰的影响，以及调节过剩空气有一定的良好效果。如欲充分发挥强制送风的特点，应将燃烧器火道门缩小，并采用相应的调风器。

192. 强制送风燃烧器与自然通风燃烧器相比有何优点？

（1）空气进入燃烧器的流速高，与燃料混合良好，过剩空气系数低。强制送风火道喉口处的风速大，为 30～60m/s，而自然通风火道喉口处的风速只有 10～15m/s。

（2）燃烧器数量少，便于采用火焰调节及安全保护系统。

（3）易于控制火焰形状、改善传热。

（4）有风罩，可以减少噪声，自然通风燃烧器的噪声为 100～110 dB，而强制送风为 85 dB 以下。

193. 强制送风燃烧器有什么缺点？

强制送风燃烧器必须有一定的风压才能保证燃烧，因此，在通风机或电机发生故障后，就不能保证燃烧器满负荷操作，所以高水平地维修风机和电机，保证加热炉长周期运转是非常重要的。

当采用空气预热时，空气提高的温度也就是最高火焰温度升高的温度。燃烧温度提高了，会使燃烧中心的氧化氮量增加而加剧污染，目前国外已经开始采用氧化氮的燃烧器。

194. 为什么常采用高压蒸汽雾化燃烧器?

管式加热炉采用的燃烧器大部分都是内混式蒸汽雾化燃烧器。在自然通风时，这种燃烧器的最大烧油量为500kg/h。

高压蒸汽雾化燃烧器的操作参数如下：

燃料油压力：0.69～0.88MPa（7～9kgf/cm^2）；

燃料油粘度：＜0.025Pa·s；

雾化蒸汽压力：0.78～0.98MPa（8～10kgf/cm^2）。

这种燃烧器的缺点是噪声大，消耗蒸汽多，但其优点是：

（1）雾化良好。

（2）火焰形状稳定、刚直有力。

（3）抽吸力大，可不用强制送风。

（4）负荷调节范围宽。

（5）可烧重质渣油。

由于以上优点正好满足管式加热炉的需要，所以绝大部分加热炉都采用了这种燃烧器。

九、吹　灰　器

195、加热炉常用的吹灰器及其优缺点是什么？

从吹灰方式来说有两种：一种是电动固定旋转式吹灰器（见图9－1）；另一种是长伸缩式吹灰器（见图9－2）。

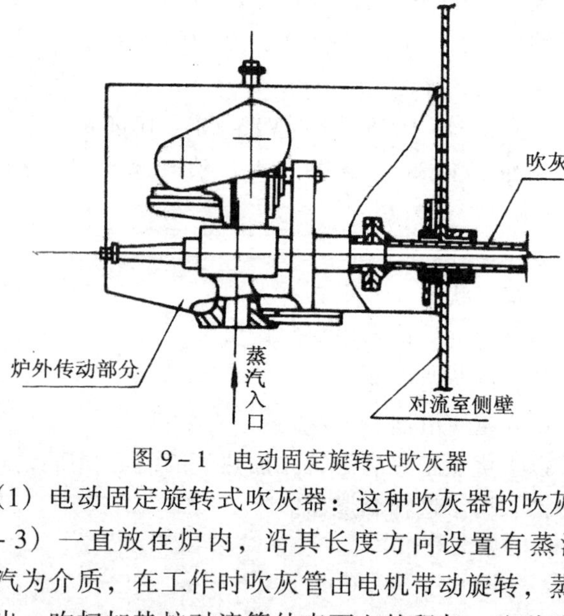

图9－1　电动固定旋转式吹灰器

（1）电动固定旋转式吹灰器：这种吹灰器的吹灰管（见图9－3）一直放在炉内，沿其长度方向设置有蒸汽喷孔，以蒸汽为介质，在工作时吹灰管由电机带动旋转，蒸汽从喷孔喷出，吹扫加热炉对流管外表面上的积灰。这种吹灰器体积小、重量轻、制造比较简单、造价低。缺点是：吹灰管一直位于炉内，易烧坏或变形而影响正常运转。一般最好使用在烟气温度低于600℃的部位。

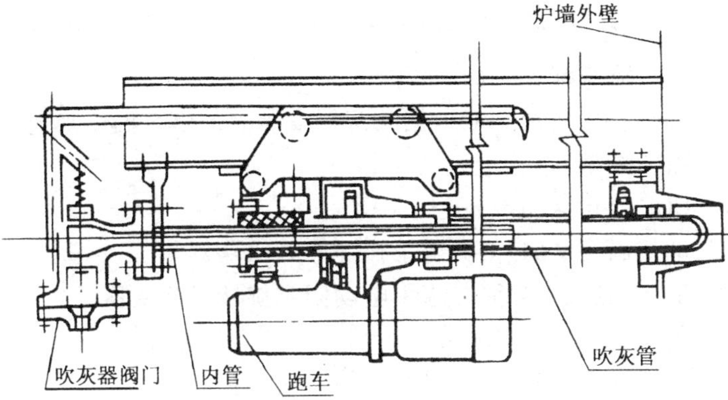

图 9-2　长伸缩式吹灰器

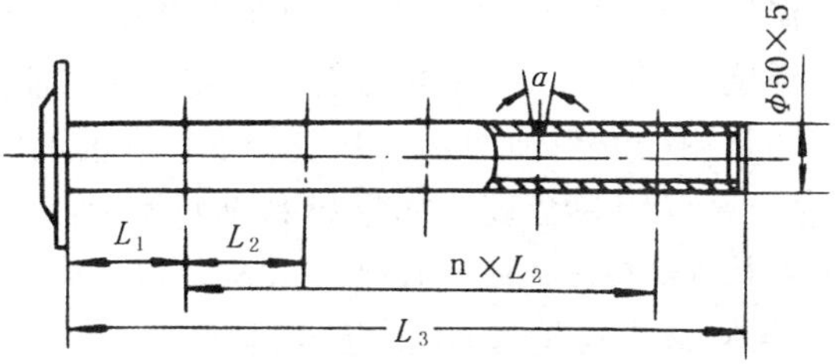

图 9-3　吹灰管

（2）长伸缩式吹灰器：该种吹灰器的特点是吹灰管可以伸缩，在吹灰时伸入炉内。吹灰管头部有喷口，边前进边旋转、边吹灰，吹灰完毕后又退出炉外，因此吹灰管不易烧坏变形。其缺点是：结构复杂、造价高，炉外需设置长的导轨和平台。它一般适合在烟气温度高于600℃的部位使用。

196．在什么情况下对流室必须装吹灰器？

当加热炉对流室的炉管为光管时，不装吹灰器；当对流管为钉头管或翅片管时，不管燃烧器是烧什么燃料的，对流室都必须装吹灰器。

197．根据烟气温度如何选用长伸缩式吹灰器和电动固定旋转式吹灰器？

国外各大公司一般根据吹灰器安装处的烟气温度来选用吹灰器的类型。

UOP公司（美国）：

烟气温度 > 649℃，选用长伸缩式吹灰器。

烟气温度 ≤ 649℃，选用电动固定旋转式吹灰器。

美孚公司（美国）：

烟气温度 > 593℃，选用长伸缩式吹灰器。

烟气温度 ≤ 593℃，选用电动固定旋转式吹灰器。

鲁奇公司（原西德）：

烟气温度 > 550℃，选用长伸缩式吹灰器。

烟气温度 ≤ 550℃，选用电动固定旋转式吹灰器。

对我国常用的燃料油而言，吹灰管安装处的烟气温度取600℃作为分界点较为合理。如果燃料油特别脏，积灰特别严重，也可从500℃开始使用长伸缩式吹灰器。

198．长伸缩式吹灰器的吹灰距离是多少？

根据我国的情况，长伸缩式吹灰器的吹灰距离可推荐如下：

垂直方向：上下各4排钉头管或翅片管。

水平方向：有效吹灰半径一般不大于1.3m。

199．电动固定旋转式吹灰器的吹灰距离是多少？

当吹灰蒸汽压力为0.78～1.47MPa（8～15kgf/cm^2）时，考虑到炉内排管情况，建议电动固定旋转式吹灰器的吹灰距离为：

垂直方向：上下各3排钉头管或翅片管。

水平方向：有效吹灰半径为0.75～1.2m。

200．电动固定旋转式吹灰器由哪几部分组成？

该种吹灰器由炉外传动部分和伸入炉内的吹灰管两大部分组成（见图 9－1）。炉外传动部分是标准件，已经标准化。主要性能如下：

吹灰管转速：1.28r/min；

电机型号：0.4kW，1400r/min；

质量：约 85kg。

伸入炉内的吹灰管，应根据炉子的具体条件（对流管的直径及排列方式等）进行设计。

201．吹灰管的材质如何选用？

吹灰管的材质根据吹灰管安装处的烟气温度来决定。

烟气温度≤450℃时，吹灰管材质为锅炉碳钢管。

烟气温度≤600℃时，吹灰管材质为 18－8。

烟气温度＞600℃时，吹灰管材质为 Cr25Ni20。

202．吹灰管常用何种规格？

为防止吹灰管长期暴露在烟气中发生弯曲，对吹灰管的直径和厚度应慎重考虑。

日本通常用三种规格的吹灰管：$\phi 48 \times 5$mm、$\phi 60 \times 5$mm、$\phi 64 \times 7$mm。

根据我国的情况，一般推荐使用 $\phi 50 \times 5$mm 的管子。

203．吹灰管的跨度通常是多少？

吹灰管的跨度在设计或使用时必须认真对待，否则易使吹灰管变形，严重影响吹灰。吹灰管的跨度通常取 1.2～1.4m。

204．安装电动固定旋转式吹灰器应注意哪些事项？

（1）要注意使排水通畅。吹灰器最多每个班开一次，所以整个蒸汽输送管线内常常有冷凝水。这些水如果进入吹灰管内，对炉管和对流室炉壁衬里会造成严重损伤。如果在烟气中含硫较多，还将引起严重的腐蚀。因此，必须使管线具有适当的坡度，不得出现水平管段，以保证排水畅通。

（2）管线本身的载荷及热膨胀应由管线自身解决，不能由吹灰器来承受，以免造成吹灰器本身的歪扭变形，影响转动。

（3）要特别注意吹灰管上的喷嘴和炉管的相对位置。在吹灰管安装完毕后，应通过检查孔检查喷嘴的位置是否符合设计图纸上的要求，对位置不正确者应进行相应处理。

十、烟囱及挡板

205．烟囱有哪几种型式？各有什么特点？

烟囱按材质分为：砖烟囱、钢筋混凝土烟囱、钢烟囱三种。

砖烟囱较便宜，一般不高于 50m。砖导热性差，壁较厚，内外壁温差大，设计或施工不当则易产生裂纹，影响排烟。此外，砖烟囱不宜在地震烈度较高的地区使用。

钢筋混凝土烟囱对热应力适应性较强，烟囱可高达 150m 以上。

钢烟囱的最大优点是轻便，抗地震性能较好。当烟囱高低于 30m 时，可以直接放在加热炉的对流室上部，结构紧凑；钢烟囱的缺点是易受烟气腐蚀。

钢烟囱有带衬里的和不带衬里的两种。烟气温度应尽可能低于 500℃，否则所需衬里过厚，或者超出钢壳使用温度范围。

在石油化工厂的管式加热炉中，带衬里的烟囱用得最多，衬里不仅能降低钢烟囱的壁温，而且还能避免烟囱内壁的烟气腐蚀，同时在发生烟气尾燃现象时，能保护钢壳不致过热。钢烟囱表面还要涂一层耐热油漆，以保护表面不受烟气中冷凝酸性介质的腐蚀。

当几个炉子合用一个烟囱时，一般多支持在地上，这时可以考虑用砖烟囱或钢筋混凝土烟囱。

一台加热炉并不一定只有一个烟囱，例如大型立式炉，为了避免烟气产生偏流现象，有采用两个或几个烟囱。

206．烟囱有什么作用？

加热炉的烟囱有两个作用：一是将烟气排入高空，减少地面的污染；二是当加热炉采用自然通风燃烧器时，利用烟囱形成的抽力将外界空气吸入炉内供燃料燃烧。

207．烟囱为什么有抽力？

烟囱之所以有抽力，是由于在烟囱内的烟气温度比外界大气的温度高得多，也就是说前者的密度比后者小，所以就像氢气球一样，烟囱内的烟气自然会上升。当烟囱内的烟气向上升时，下部就形成负压（抽力），由于外界空气的压力比炉内高，所以空气就吸入炉内。烟气向上流动经过的辐射和对流室，本身虽然不是烟囱，但里面充满了高温烟气，其作用和烟囱是相同的。

208．烟囱的抽力与哪些因素有关？

烟囱的抽力与烟囱的高度、烟囱内高温烟气的密度、温度及外界大气的密度、温度有关，用下面的公式来表示：

$$\Delta p = 9.8h\ (\rho_{外} - \rho_{内})$$

式中　Δp——烟囱的抽力，Pa；

h——烟囱的高度，m；

$\rho_{外}$——烟囱外部大气的密度，kg/m^3；

$\rho_{内}$——烟囱内部烟气的密度，kg/m^3。

由上式看出：烟囱的抽力 Δp 与烟囱的高度和气体的密度差成正比，烟囱越高，抽力越大；气体密度差越大，抽力也越大。

在标准状况下（0℃和一个大气压），空气的密度为 $1.293kg/m^3$，所以烟囱的抽力可以用绝对温度表示：

$$\Delta p = 12.67/h\ \left(\frac{273}{T_{外}} - \frac{273}{T_{内}}\right)$$

式中　$T_{外}$——烟囱外部大气的绝对温度，K；

$T_{内}$——烟囱内部烟气的绝对温度，K。

由上式中看出：当烟囱高度一定时，烟囱内外气体温度差越大，则抽力越大。由于工艺条件的限制，烟气温度变化不会很大。而大气温度则随季节气候而变化，夏季气温高，不利于烟囱抽力，冬季气温低，有利于烟囱的抽力。在设计烟囱时，烟囱的高度应按最保险的夏季来决定，在工艺条件不变时，夏季应将烟囱挡板开大些，冬季关小些。

209．在圆筒炉的烟囱上设置吊管圈的条件是什么？

在石油化工装置上，有的圆筒炉的烟囱上设置有吊管圈，而有的则没有，这是根据辐射管的长度来决定的。当辐射管的长度在9m以上时，烟囱上应设置吊管圈；当辐射管的长度小于或等于9m时，烟囱上不设置吊管圈。

210．吊管圈的直径如何选用？

吊管圈的直径一般应等于辐射盘管的节圆直径。

211．吊管圈有什么作用？

圆筒炉烟囱上的吊管圈是用来吊管子用的。在炉子最初安装时，炉管均采用吊车或其他方法吊装。在生产检修更换个别炉管时，才使用上部吊管圈安装。因为它不能承受太大的重量，所以每次只能吊两根辐射管。

212．烟囱挡板有哪几种型式？采用什么材料？

烟囱挡板有密封式和不密封式两种。在1980年以前，石油化工厂加热炉烟囱所采用的挡板基本上都是属于不密封式的，后来因节能的需要，又新设计了密封式的挡板。目前新设计的或改造的加热炉，大都采用密封式的挡板。密封式烟囱挡板有单轴、双轴和三轴、四轴几种，这些挡板均已标准化，可以直接选用和订购。

上述几种型式挡板的材质为：

（1）当烟气最高温度为≤450℃时，采用碳钢。

（2）当烟气最高温度大于450℃和小于750℃时，采用18Cr－8Ni。

（3）当烟气最高温度大于750℃和小于950℃时，采用25Cr－12Ni。

213．烟囱挡板常用哪几种调节机构？各有什么优缺点？

管式加热炉的烟囱挡板常用75kgf手摇卷扬机、地面调节机构和ZSL型气动长行程执行机构来进行调节。

在1980年以前，石油化工装置加热炉的烟囱挡板基本上都是用75kgf手摇卷扬机来进行调节，因为该种机构体积小、质量轻、结构简单、制造方便、价格低，而且在ϕ500mm以下的烟囱挡板上调节十分灵活，故现在的小型烟囱挡板上还在使用。但在ϕ600mm以上的挡板上调节不太灵活，为此，在1980年以后，又新设计了地面调节机构，该种机构在ϕ800mm以下的挡板上调节较灵活，但在ϕ900mm以上的挡板上调节不灵活。ZSL调节机构的最大优点是操作十分灵活，深受广大加热炉操作人员的欢迎，但在价格上比上述两种调节机构高。

根据以上情况，加热炉设计人员在选用调节机构时，应根据具体情况通过比较而定，但是最重要的一条是要操作灵活，如果操作不灵活，价格再低也是无用的。

214．烟囱挡板的调节应该放在什么位置？

为了使加热炉保持正常操作，根据炉子负压的大小及时调节烟囱挡板的开度是非常必要的。所以，除采用炉子对流室入口的负压自动（或手动）控制挡板的开度外，烟囱挡板的调节（75 公斤手摇卷扬机或地面调节机构）应该放在炉下地面上。调节机构应省力灵活，并带有开度指示标记和锁紧机构。如果调节机构放在炉顶挡板处，一方面在正常操作时上下不方便；另一方面当炉管发生爆裂事故，炉内着火，需要全部打开挡板时，到炉子上部去开挡板会有更大的危险。

十一、钢结构及其附件

215．钢结构及其附件的设计应符合哪些规定？

钢结构及其附件的设计应符合国家现行的《建筑结构荷载规范》、《建筑抗震设计规范》和《钢结构设计规范》的有关规定。对抗震设防裂度为6～9度地区的管式炉，尚应符合中国石油化工集团公司现行的《石油化工设备抗震设计规范》。

216．钢结构的设计荷载应包括哪些内容？

钢结构的设计荷载应包括永久荷载、活荷载、风荷载、雪荷载、由炉管和弯头产生的所有荷载、地震作用和温度作用。

217．钢结构及其附件材料的选用应符合哪些规定？

钢结构及其附件材料的选用应符合以下规定：

(1) 钢结构一般选用Q235－A、Q235－A、F或16Mn等钢材制作。当建厂地区最冷月的月平均最低温度等于或低于－20℃时，主要承重构件应采用镇静钢。

(2) 钢结构及其附件材料的金属设计温度，应按金属计算温度加50℃确定。金属计算温度按在无风条件下，环境温度为30℃时，各种操作工况下的最高温度确定。

218．钢结构及其附件的设计应符合哪些要求？

钢结构及其附件的设计应符合以下要求：

(1) 应考虑水平炉管的抽出和装入空间，以及垂直炉管的吊装措施和所需场地。

（2）底烧管式炉底板与炉子下部地面的距离必须满足燃烧器的操作和检修要求，且不得小于2.2m。

（3）对流管上部一般应留有高度不小于800mm的检查和检修空间；对小型炉，其空间高度不得小于600mm。

（4）对流室长度大于10m时，应设置两个以上的烟囱或烟气出口。

（5）水平管管式炉的弯头或集合管位于炉膛内部时，应在侧墙上设置能拆卸的活动板。

（6）管式炉壁板应采用密封焊。

（7）所有构件、炉顶及平台面均应考虑排水设施。

（8）弯头箱应密封良好。弯头箱门上的衬里表面至弯头之间的最小距离应满足炉管热膨胀要求，且不得小于50mm。

（9）底烧管式炉的炉底钢结构下部的立柱应设防火层。

219．平台和梯子的设置应符合哪些要求?

平台和梯子的设置应符合以下要求：

（1）平台铺板应采用大于4mm厚的花纹钢板或经防滑处理的钢板。

（2）在地面不能操作的下列位置应设置平台或直梯。

①燃烧器及其调节机构处。

②对流室两端需要经常检修的部位。

③挡板和吹灰器的检修部位。

④所有看火门和人孔门处。

⑤仪表开口处。

⑥风机、传动装置和空气预热器处。

（3）除圆筒炉直径小于6m的单个平台或长度小于6m的直段平台外，每个操作平台都应设置两个上下口。

（4）圆筒炉辐射标高大于10m时宜设置盘梯。

（5）圆筒炉的壳体直径大于3m时，应在炉底平面上设置整圈平台和斜梯；当壳体直径等于或小于3m时，在每个看火门处可单独设置直梯和平台。

（6）采用堵头式回弯头的水平盘管时，回弯头侧的平台应满足安装和检修的要求。

220．钢结构及其附件设计的构造要求应符合哪些规定？

钢结构及其附件设计的构造要求应符合以下规定：

（1）钢结构在以下部位的钢板最小厚度：

炉壁及弯头箱：4mm。

炉顶及炉底：6mm。

（2）圆筒炉钢结构：

①筒体直径小于4m时，可采用无立柱的筒形结构；等于或大于4m时，宜采用有立柱的筒形结构。立柱根数应为偶数，相邻两立柱间的弧长应为1.6～2.5m。

②筒体环梁的上下间距不应小于2.5m。

（3）立式炉和箱式炉钢结构：

①立柱框架平面内的节点应采用刚性连接。

②在侧向柱列的两端，相邻两柱之间的斜撑应合理设置。当炉顶有烟囱时，且应在支承烟囱的两柱之间布置斜撑。斜撑与主柱夹角宜为30°～60°。

③侧向柱列相邻两柱的间距宜小于4.5m。

④侧向梁的上下间距宜为3～6m。

十二、炉　　衬

221．炉衬的设计应符合哪些规定?

炉衬的设计应符合以下规定：

（1）在外界气温为25℃和无风条件下，管式炉本体和空气预热系统的外表面的设计温度不得大于80℃。

（2）炉衬材料应根据管式炉炉壁结构形状、尺寸大小、操作温度、材料供应和施工条件等因素，并通过经济比较合理选用。

（3）炉衬结构应根据所用材料的特性设置伸缩缝。多层衬里的各层伸缩缝不得相互贯通。

（4）除采用浇注结构的炉衬外，在炉壁钢板内侧一般宜涂防腐保护层。

222．砖结构的设计应符合哪些规定?

砖结构的设计应符合以下规定：

（1）分段承重式平面炉墙的背面至少有相当于10%的砖牵拉在钢结构上。

（2）直立圆筒形砌砖炉墙沿圆周方向不留伸缩缝。高度在10m以下时，可在炉墙的顶部留出伸缩缝；高度在10m以上的炉墙，可在高度方向每隔4~5m留一条伸缩缝；除最下一段炉墙由炉底承重外，以上各层重量均应由每层的托砖板支承。

223．浇注衬里的设计应符合哪些规定?

浇注衬里的设计应符合以下规定：

（1）应根据不同部位的设计温度合理选用耐热混凝土材料和级配。

（2）对双层衬里结构，热面层最小厚度应为75mm。

（3）浇注衬里的保温钉：

①辐射室炉壁和炉顶衬里应采用18Cr－8Ni型或25Cr－20Ni型不锈钢保温钉固定。

②保温钉长度不得小于各相应层保温厚度的70%，保温钉端部距向火面的距离不应小于12mm。

③保温钉为方形布置，炉体衬里保温钉的最大间距宜为衬里总厚的两倍，但在炉壁上最大间距不得大于300mm；在炉顶上不得大于230mm。相邻保温钉的叉口方向应相互错开。

④弯头箱、烟囱和烟道采用隔热衬里时，其厚度不得小于50mm，保温钉的间距不应大于200mm。

224．耐火纤维结构的设计应符合哪些规定？

耐火纤维结构的设计应符合以下规定：

（1）耐火纤维热面层应采用密度不小于128kg/m^{3}的纤维毡或针刺毯。耐火纤维的背材可采用密度较小的耐火纤维制品或其他纤维状隔热材料制品。

（2）管式炉对流段一般不宜采用无可靠保护层的耐火纤维结构。

（3）耐火纤维衬里应采用18Cr－8Ni和25Cr－20Ni型不锈钢或陶瓷制件固定。固定点与耐火纤维制品边线间的最大距离为75mm。

十三、操作及事故处理

225．炉管系统的整体压力试验应符合哪些规定？

炉管系统的整体压力试验应按以下规定进行：

（1）水压试验：

水压试验压力按下式计算：

$$p_{\mathrm{r}} = 1.25p\frac{[\sigma]}{[\sigma]^{t}}$$

式中 p_{r}——水压试验压力，MPa；

p——设计压力，MPa；

$[\sigma]$——试验温度下的材料许用应力，MPa；

$[\sigma]^{t}$——设计温度下的材料许用应力，MPa。

管内被加热介质为烃类时，p_{r} 值不得小于3.7MPa。

试验压力下的管材应力：对优质碳素钢和合金钢不得大于屈服强度的80%；对不锈耐热钢不得大于屈服强度的70%。

有回弯头和法兰连接的盘管，水压试验压力 p_{r} 不得大于回弯头或法兰的试验压力。

水压试验应采用洁净水。对奥氏体不锈钢盘管的试压用水，其中氯离子含量不得超过25ppm（1ppm = 10^{-6}），水温不得低于5℃。

（2）气压试验：

如因设计要求或其他原因不能采用水压试验时，应采用气压试验。

气压试验压力 p_r'应按下式计算：

$$p'_r = 1.15p \frac{[\sigma]}{[\sigma]^t}$$

式中 p'_r——气压试验压力，MPa。

管内被加热介质为烃类时，p'_r 值不得小于 3.4MPa。

试验压力下的管材应力：对优质碳素钢和合金钢不得大于屈服强度的 70%；对不锈耐热钢不得大于屈服强度的 60%。

有回弯头和法兰连接的盘管，气压试验的 p'_r 值不得大于回弯头或法兰的试验压力。

气压试验所用气体，应采用干燥洁净的空气、氮气或其他惰性气体，气体温度不低于 15℃。

226．什么样的加热炉需要烘炉？

凡是新建的加热炉，而且炉墙采用的是耐火砖，或者是轻质耐热混凝土衬里的，均要进行烘炉；如果旧炉子的炉墙进行了大面积的修补，修补所用的材料仍是耐火砖或者是轻质耐热混凝土衬里的，也要进行烘炉。新建加热炉的全部炉墙或者旧炉子的炉墙，所用材料为陶纤毡的不必进行烘炉。

227．烘炉的目的是什么？

烘炉的目的是为了缓慢地除去炉墙在砌筑过程中所积存的水分，并使耐火泥得到充分的烧结。如果这些水分不去掉，由于在开工时炉温上升很快，这些水分将急剧蒸发，造成砖缝膨胀，产生裂缝，严重时会造成炉墙倒塌。

228．烘炉时炉管内通入什么介质？炉管出口温度不超过多少度？

在烘炉时，炉管内通入蒸汽。炉管内蒸汽出口温度：10#、20# 钢不超过 400℃；Cr5Mo 炉管不超过 500℃。

229．烘炉时用哪个部位的热电偶来控制炉膛温度？

在烘炉时，用辐射出口部位的热电偶来控制炉膛温度。

230．烘炉时炉膛温度按什么曲线进行控制？

加热炉在烘炉时，按图 13－1 烘炉曲线进行控制。

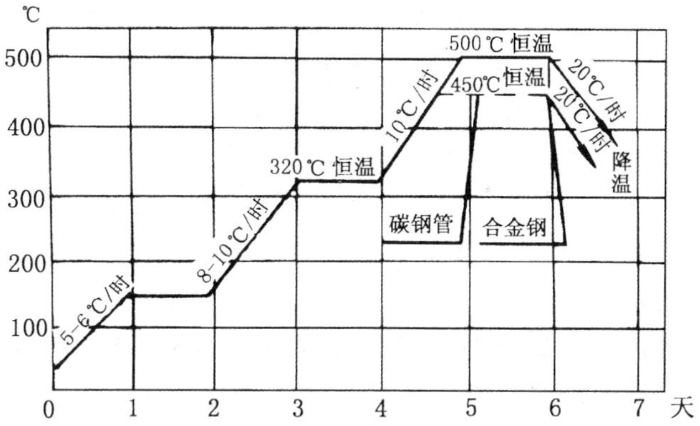

图 13－1　烘炉曲线图

231．烘炉前需要做好哪些工作？

加热炉在烘炉前，必须做好以下工作：

（1）加热炉工程全部完毕，并经检查验收合格。

（2）安全设施、卫生条件达到要求。

232．烘炉应按哪些步骤进行？

加热炉在烘炉时，应严格按照以下步骤进行：

（1）烘炉前应先打开全部人孔、看火门、防爆门、开启烟囱挡板，自然通风 5 天以上，然后开始点火烘炉。

（2）开始烘炉时，烟囱挡板开启 1/3 左右，待炉膛内温度升高抽力增加时，再稍开烟囱挡板。

（3）炉管内通入蒸汽开始暖炉，当炉膛温度升到 130℃时，即可点燃火嘴，继续烘炉。

（4）烘炉时应尽量采用瓦斯燃料，火嘴应对角点火。

（5）在烘炉过程中，温度均匀上升，升温和降温速度应按烘炉曲线进行，并经常观察炉墙情况。

（6）在烘炉过程中应做好记录，烘炉后应画出实际烘炉曲线。

（7）炉膛以 20℃/时的速度降温。当炉膛温度降到250℃时，熄火焖炉，降到 100℃时进行自然通风。

（8）烘炉完毕后，应对炉子进行全面检查，如发现缺陷等，应进行处理。衬里的裂纹宽度大于 3mm，深度超过 5mm 者应进行修补，有空洞和钢板分离者应彻底修补。

233．在烘炉曲线上 150℃、320℃、450℃和 500℃恒温的目的是什么？

加热炉在烘炉时，炉膛温度达到 150℃时必须进行恒温，以除去炉墙中的自然水；320℃恒温以除去炉墙中的结晶水；450℃和 500℃恒温使炉墙中的耐火泥充分烧结。

234．燃烧器如何点火更安全？

在过去，加热炉开工时，或在运行过程中，曾发生过炉子爆炸事故，轻者将炉子的部件损坏，重者将整台炉子炸掉。造成炉子爆炸的主要原因，是由于燃烧器点火时，燃烧器刚点着又熄火，或者燃烧器未点着而油或瓦斯已进入炉内，司炉工未进行蒸汽吹扫，又接着点火，这样造成炉膛内瓦斯爆炸。炉子在运行过程中发生爆炸是由于空气不足，瓦斯燃烧不完全。在炉膛烟气中，瓦斯达到一定的浓度后即会爆炸。这种情况常发生在强制通风的加热炉中，如在 1982 年，武汉石油化工厂常减压装置的减压炉发生爆炸，就是由于通风机的入口挡板开度太小，进炉空气量不足，致使瓦斯燃烧不完全，造成炉子爆炸。为了防止炉子爆炸事故，必须做到以下几点：

（1）燃烧器在点火时未点着，但是油或瓦斯进入炉内，这时司炉工必须立即关闭油阀或瓦斯阀，然后往炉膛内吹蒸汽，待烟囱见汽后再重新点火。

（2）燃烧器在点火时，虽点着但又熄火，司炉工应立即关闭油阀或瓦斯阀，然后往炉膛内吹蒸汽，待烟囱见汽后再重新点火。

（3）炉子在运行过程中，如发现燃烧器空气不足，应立即查明原因，及时处理。首先检查控制空气进炉的蝶阀开度是否合适，如开度太小，应立即开大到合适的程度，使燃烧器的燃料能得到充分的燃烧。

235．燃烧器烧油时的点火要求是什么？

目前，我国石油化工厂的加热炉常采用油－气联合燃烧器，可以单独烧油或单独烧气，也可以同时烧油烧气，当燃烧器烧油时，点火的要求按以下步骤进行：

（1）将燃烧器的风门调到 1/3 开度，在燃烧器点着以后，再把风门调到合适的开度；当燃烧器设置有隔音罩时，司炉工必须注意风门的开关方向。

（2）如果燃烧器设置有风道或隔音罩时，将燃烧器风道或隔音罩底部的漏油管上的盖打开，以防止燃料油积在风道或隔音罩内，待燃烧器燃烧正常后，将盖装好。

（3）将燃烧器上的瓦斯喷头通入适量的蒸汽，以防止瓦斯喷头被油或其他东西堵塞。

（4）将已点燃的点火棒放在燃烧器的上端，人不能正视点火孔，身侧一边，面部不要直接对着燃烧器，防止回火烧人。

（5）稍开一点汽阀，后开油阀，点燃油火后，缓慢细致地调节油汽比，使油充分雾化完全燃烧，并根据燃烧的情况，适当调节风门或蝶阀的开度。

(6) 在燃烧器点着火以后，司炉工不能马上离开炉子，以防燃烧器缩火或漏油。一旦熄灭，就立即关闭油阀，再往炉膛内吹汽，待烟囱见汽后再重新点火。

(7) 燃烧器在使用时，要求对着点火，这样热量分布均匀。

(8) 控制好燃料油压力，要求雾化蒸汽压力比燃料油压力高 98kPa。

(9) 未烧火的燃烧器的风门必须关上，以防止空气漏入炉内造成空气过量，影响炉子的热效率。

236．燃烧器烧瓦斯时的点火要求是什么？

当燃烧器烧瓦斯时，点火的要求按以下步骤进行：

(1) 将燃烧器的风门调到 1/3 开度，风门开度太大不好点火，燃烧器在点着以后，再把风门调到适当的开度；当燃烧器设置有风道或隔音罩时，司炉工必须注意风门的开关方向。

(2) 将油喷头通入适量的蒸汽，以保护油喷头。

(3) 将已点燃的点火棒放在燃烧器的上端，人不能正视点火孔，身侧一边，面部勿直接对着燃烧器，以防止回火烧人。

(4) 稍开一点瓦斯阀，待燃烧器点着以后，再调节瓦斯阀门，并根据燃烧的情况，适当调节风门或蝶阀的开度。

(5) 火点着以后，司炉工不能马上离开炉子，以防燃烧器缩火。一旦灭火，就应该立即关闭瓦斯阀，再往炉内吹汽，待烟囱见汽后再重新点火。

(6) 燃烧器在使用时，要求对角点火，这样热量分布均匀。

（7）未烧火的燃烧器的风门或蝶阀必须关上，防止空气进入炉内，以便节约燃料。

237．燃烧器点不着火的原因及处理办法是什么？

燃烧器在点火时经常碰到点不着的情况，其原因较多，下面谈一谈主要原因及处理办法：

（1）燃烧器的风门开度太大或烟囱挡板的开度太大，造成进入炉内的空气量太多，在这种情况下，燃烧器不易点着。其处理办法是：将燃烧器的风门开度及烟囱挡板的开度调小，待点着以后，再把风门及挡板调到合适的开度。

（2）当燃料油的压力大于雾化蒸汽的压力，这时燃烧器也不易点着。其处理办法是：将燃料油压力调到比雾化蒸汽的压力小 98kPa 左右。

（3）燃料油的压力或温度太低，应与有关单位联系，提高燃料油的压力或温度。

（4）高压瓦斯的压力或温度太低，应与有关单位联系，提高瓦斯的压力或温度。

（5）燃料油含水太多，应与有关单位联系，及时进行脱水。

（6）高压瓦斯含油含水太多，应与有关单位联系，及时进行脱油脱水。

（7）蒸汽量太大而燃料油量太小，应关小蒸汽阀门，适当将燃料油阀门开大，以达到合适的油汽比。

238．燃烧器烧油时蒸汽压力比油的压力至少高多少？为什么？

燃烧器在烧油时，蒸汽压力比油的压力至少要高 98kPa。其原因是：石油化工厂的加热炉多采用蒸汽雾化燃烧器，这种燃烧器主要是靠蒸汽来将燃料油雾化成小雾点，以利于燃烧。为了达到这个目的，只有把蒸汽的压力控制在比燃料油的压力高 98kPa，否则燃料雾化不好，燃烧器就不好烧，甚至会熄灭。

239．对燃烧器火焰颜色及形状的要求是什么？

在过去，要求加热炉燃烧器燃烧的火焰刚直有力、白炽耀眼、呈天蓝色，这样做，则需要消耗更多的燃料，对节能极其不利。现在，从节能的角度出发，要求火焰成形、稳定、呈桔黄色就可以了。

240．什么叫回火和脱火？

当空气与瓦斯的混合气体从瓦斯喷头流出的速度低于火焰传播速度时，火焰回到燃烧器内部燃烧，这种现象叫做回火。回火有时会引起爆振或熄火，长时间也可能烧坏混合室或发生其他事故。

当空气与瓦斯的混合气体从瓦斯喷头流出的速度大于脱火极限时，瓦斯离开喷头一段距离才着火，这种现象叫做脱火。脱火使火焰燃烧不稳定，以至熄火。

241．如何防止瓦斯燃烧器的回火？

要防止瓦斯燃烧器的回火，就必须使空气与瓦斯混合物的流出速度大于火焰扩散速度。在瓦斯供应充足的条件下，调节燃烧器的风门或风道上的蝶阀，可以使空气与瓦斯混合物的流出速度大于火焰扩散速度，这样即能达到防止回火的目的。

242．如何防止瓦斯燃烧器的脱火？

要防止瓦斯燃烧器脱火，就必须避免气体混合物的出口流速过大，当发现脱火时，应减少瓦斯和空气送入量。

243．怎样充分利用低压瓦斯？

如果不对从常压塔顶及减压塔顶出来的低压瓦斯加以利

用，就会损失掉不少能量。但是，这种瓦斯的压力太低，靠自身的压力不能喷入炉膛内燃烧。所以，一般采用蒸汽由小孔喷出的办法，利用文丘里管将低压瓦斯吸入，使蒸汽和低压瓦斯混合在一起喷入炉内燃烧。这样，也可以避免火焰发飘而较为有力。

244. 油嘴喷出的角度与火焰长短有什么关系？

当油嘴的烧油量确定后，可以根据需要设计不同的喷头开孔角度，使火焰的长度不同。底烧时，火焰的长短与辐射炉管高度有关，一般要求辐射室火焰的长度为立管长度的50%～60%。常用油－气联合燃烧器的油枪喷头开孔角度有30°、40°、50°、60°几种，角度愈小，火焰愈长。粗略估计时，可用开孔角度数字去除油嘴烧油的千克数，结果即为火焰的长度（m）。例如：喷头开孔角度为40°，则每烧40kg油，火焰就有1m长；烧400kg油时，估计火焰长度为（400/40）10m长。

一般常用的油喷头开孔角度为40°。喷孔角度改变后，也需相应改变火道砖的尺寸，火道砖的尺寸如果不修改，仅将喷头开孔角度改小，将会导致燃料与空气混合不好；如将喷头角度改大，又会使燃料喷在火道上引起结焦。

245. 多嘴短焰的操作是否正确？

在过去，对加热炉操作的要求是多火嘴短火焰，这种要求是针对解决热强度不均匀及火焰舔管而提出来的。但是，过去采用的炉子是箱式炉或斜顶炉，炉子的长、宽、高尺寸相差不多，都不很长，如果火焰太长，会使火焰舔管或从火墙反射回来引起局部过热，所以在箱式炉或斜顶炉上，采用多火嘴短火焰的操作是正确的。但是，在一些底烧的圆筒炉或其他立管加热炉中，就不适宜采用多嘴短焰了。这些加热炉的燃烧器在炉底，不可能布置很多，另外，短焰又会使炉管上下传热不均匀，所以要求少嘴长焰。目前，在国外有的加热炉甚至只采用一个强制送风大燃烧器，要求火焰长度为炉管长度的 70%。加热炉设计及操作的好坏，主要看炉管与火焰的相互关系处理得是否得当，不同的条件应采取不同的对策，不能一概而论。

246．底烧的油—气联合燃烧器的安装应注意哪些问题？

石油化工厂加热炉一般常用的油－气联合燃烧器，在安装时应注意以下几点：

（1）油枪应垂直、不偏斜，上下位置适中。

（2）油枪下部连接口的油、汽位置不要接反。

（3）带喷头的瓦斯管应垂直，每个喷头的喷口中心应对准燃烧器的中心。

（4）内外层火道砖与燃烧器必须同心，外层火道砖的砖缝应与瓦斯喷头错开。火道砖的砖缝必须控制在 2mm 以下，否则会产生严重的后果。轻者把火嘴附近的炉底板烧变形；重者在炉底板严重烧变形后，燃烧器下垂，造成燃烧器不能使用。

（5）调风器既要密封性好，又要转动灵活。

（6）燃料油管与瓦斯管内部、及油喷头和瓦斯喷头必须清洗干净，各个连接处要保证严密不漏。

247．油嘴为什么漏油或淌油？

在加热炉操作过程中，经常碰到油嘴漏油或淌油，其原因：一是油枪连接处密封不好；二是开工时由于火道砖和炉膛温度低，在油管内存有不易雾化的冷油或蒸汽中带水；三是燃料油温度低、油压升高或雾化蒸汽压力突然降低。防止油嘴漏油或淌油的办法是：

(1) 采用密封好的连接结构。

(2) 在开工点火之前，应放掉蒸汽管中的冷凝水。

(3) 在运行过程中，必须保证燃料油的温度；油压及蒸汽压力要稳定，要求油压比蒸汽压力小98kPa；要调节好油气比，使火焰成形、稳定；控制风门，使火焰的颜色保持桔黄色。

(4) 在停工后，必须把油枪及燃料油支管内的存油吹扫干净。

248. 燃烧器火焰燃烧不正常的原因及解决办法是什么?

在加热炉操作过程中，常常碰到燃烧器火焰燃烧不正常的情况，如火焰出现火星、发黑，火焰不稳定，出现脉动和爆音等。产生上述现象的原因是：

(1) 燃料油粘度太大；雾化蒸汽量不足或过热度不够，甚至大量水或燃料油，以及雾化蒸汽线连接反了等，都会使雾化不好，出现火星或烟囱冒黑烟。

(2) 燃料油中含有机械杂质、沥青沉淀、喷头结焦等，尤其在刚开工的管线中存有杂质，都会引起喷孔堵塞，使火焰出现异常现象。

(3) 燃料油大量含水或轻组分多的燃料被过分预热，会形成气化而破坏燃料油流的均匀性，引起火焰脉动和爆音。

防止燃烧器火焰燃烧不正常的办法是：

(1) 燃料油的粘度必须小于0.025Pa·s；雾化蒸汽量及温度达到要求；油气比要合适；油压和蒸汽压力符合操作指标；蒸汽压力不能低于燃料油的压力。

(2) 燃料油管和蒸汽管线的连接必须正确。

(3) 对于刚开工的管线，在燃烧器安装之前，先将油管、蒸汽管和瓦斯管线内的杂质吹扫干净后，再与燃烧器连接。

（4）燃料油在进入燃烧器之前，必须先进行脱水和过滤，以清除油中的水和杂质。

（5）燃料油不能采用太轻的油，如煤油等。

249．加热炉在点火之前需要做好哪些工作？

加热炉在点火之前，必须做好以下工作：

（1）经过检修的炉管，必须检查是否合格，有无泄漏等。

（2）检查管板、吊钩、拉钩是否牢固；炉墙和衬里是否脱落，炉膛及烟道内部有无杂物。

（3）检查烟囱挡板、调节机构、吹灰器、压力表、热电偶、燃烧器调风门、风道蝶阀等是否灵活好用。

（4）防爆门、看火门是否灵活好用，密封是否良好。

（5）检查灭火蒸汽管和其他消防设施是否好用。

（6）对燃料油管线、蒸汽管线、高低压瓦斯管线、拌热线等进行贯通试压无泄漏。

（7）用蒸汽贯通检查每个燃烧器是否好用，火嘴的一、二次风门是否灵活。

（8）将烟囱上的挡板开到1/3位置。

（9）往炉膛内吹蒸汽5～10min，直到烟囱见汽为止，以便赶走炉膛内的易燃气体。

（10）清扫炉区的杂物及易燃物。

（11）准备好点火棒、火柴、柴油等用具。

（12）在上述工作完成后，可以把燃料引进炉区，如果引的是燃料油，则放空见油关阀，将燃料油管线的拌热线打开。

250．如何判断加热炉操作的好坏？

加热炉操作好坏，按照以下几方面来鉴别：

(1) 介质总出口温度在工艺指标范围内。

(2) 各路介质流量及温度必须均匀。

(3) 各路炉管受热均匀，管内不结焦。

(4) 燃料耗量低，热效率高。

(5) 炉膛温度在工艺指标范围内。

(6) 辐射室出口处负压在 -20~ -40Pa 之间。

(7) 火焰的颜色为桔黄色，火焰成形稳定。

(8) 炉子烟囱不冒黑烟。

251. 加热炉正常操作时需要检查哪些项目?

加热炉在正常操作时，必须按时检查以下项目：

(1) 介质总出口温度、各路流量、温差及炉膛温度等是否符合工艺指标。

(2) 辐射室出口的负压是否在 -20~ -40Pa 之间。

(3) 各个燃烧器的燃烧情况，火焰的形状及颜色是否符合要求，火焰是否烧着炉管等。

(4) 各个炉管是否有弯曲、脱皮、鼓包、发红、发暗等现象；注意检查回弯头堵头、出入口阀、法兰等处有无泄漏。

(5) 检查火盆砖、吊钩、拉钩、炉墙、衬里等变化情况。

(6) 燃料油压力、雾化蒸汽压力、瓦斯压力是否符合要求。

(7) 高低压瓦斯罐要定时脱液，放空阀在脱完液后应立即关死。

(8) 要经常检查炉膛内各点的温度变化情况，要做到心中有数。

(9) 炉子的防爆门、通风门、烟囱挡板、蝶阀、调风门等不能随便打开，看火门在看完火后，应立即关闭。

252. 影响炉出口温度变化的因素及解决办法是什么?

(1) 影响炉出口温度变化的因素主要有:

①燃料油压力变化。

②燃料油性质变化，如油的轻重不匀及带水等现象。

③瓦斯压力不稳。

④瓦斯带油。

⑤雾化蒸汽压力变化，如压力低，雾化不好，火焰变红发暗，喷嘴喷油量增加，炉膛温度上升，烟囱冒黑烟；如压力高，火焰颜色发白、火硬、变短，容易缩火、灭火。

⑥进料量及进料温度变化。

⑦进料性质变化，油轻，吸热量大，炉出口温度下降。

⑧仪表失灵，会造成烟囱冒烟，炉温升高或熄火。

(2) 调节方法:

①当燃料油、瓦斯及雾化蒸汽压力变化时，应与有关单位联系进行处理。

②与有关单位联系平稳进料量，保证炉子进料流量、温度、性质稳定。

③高压瓦斯带油时，要联系有关单位脱油。

④调火时要小调，以免互相影响。

⑤喷嘴结焦要及时处理，喷嘴堵塞要及时修理。

⑥与仪表操作人员联系，一旦仪表失灵，应立即改成手动或控制阀走付线。

253. 炉管结焦的原因及解决办法是什么?

(1) 炉管结焦的原因:

①火焰不均匀，使炉膛温度不均匀，造成炉管局部

过热。

②进料量变化太大或突然中断等。

③火焰偏斜烧炉管，造成局部过热。

（2）解决办法：

①保持炉膛温度均匀。

②保持进料稳定，各路流量均匀，如发生进料中断应及时熄火。

③调节火焰，使火焰成形、稳定，不烧炉管。

254．炉管烧焦的步骤是什么？

（1）首先在进料阀处给汽，烧焦罐见汽后，炉内才允许点火，给汽后，烧焦罐可给冷却水。

（2）加热炉炉膛点火，升温速度为50℃/h，升到450℃恒温，在升温过程中要不断加大烧焦罐的冷却水量。如果烧焦罐口排灰量过大和有很多存油，升温速度应减慢，炉出口温度不大于400℃。

255．炉管烧焦的操作要求是什么？

（1）采用分路给风给汽，交替烧焦办法，一路烧完后再烧另一路。也就是将蒸汽停掉，然后立即给风，给适当风后，停止给风，立即开大蒸汽。每一路都如此进行，直到烧尽为止。

（2）严格掌握好每次通风的时间。头几次一定要时间短，以1~2min为宜。以后慢慢地加大给风时间，给风时间的长短根据每次给风后所排焦水的颜色来决定。如果水呈暗色，有时有明显焦粒或焦块，则给风应保持上次的时间和风量；如果排水颜色不黑，可以延长给风时间，加大给风量。

（3）给风烧焦后，要密切注意炉管的颜色，正常颜色为暗红色。如果是桃红色，说明温度过高，应适当减少空气量，加大蒸汽量，直到炉管由红色转成黑色。减压炉的炉管温度达到560~570℃时会发红，要密切注意。

（4）由烧焦放空罐吹出的焦粉不大于2mm，太大易造成炉管堵塞，烧坏炉管。

（5）烧焦开始的温度，炉膛为450℃，烧焦后期常压炉可以升到480~490℃，但不超过500℃，减压炉可达570~590℃，但不能超过600℃。

（6）判断烧焦是否干净，以炉膛温度是否达到烧焦上限为准，即常压炉490℃，减压炉590℃。开风后，水的颜色不变黑，水略有珠红铁锈颜色时，为基本烧干净。

（7）烧焦完后，关闭空气，改通蒸汽降温，降温速度在400℃以前为30℃/h，降到400℃以后为40℃/h，炉温降到350℃时熄火。

（8）炉膛温度降到300℃，炉管停止通蒸汽。有堵头的就拆卸堵头，检查烧焦效果。炉膛温度降到250℃，打开烟囱挡板、人孔和看火门，进行自然通风。

（9）回弯头在炉膛外面，因温度低，焦不易烧着，应在烧焦后用风动清焦器清焦。

256．炉管烧焦时应注意哪些问题？

（1）常压炉的炉管材质为$10^{\#}$钢，其使用温度为−40~475℃；减压炉的炉管材质为Cr5Mo，使用温度为−40~560℃。因此，要严格控制好常压炉和减压炉的炉膛温度，不允许超高，过热蒸汽温度要低于430℃。

（2）要经常检查烧焦罐的排水口，了解排焦情况，如果焦子下来很多，给风时间应缩短；反之，给风时间应延长；要防止焦子下来太快，太快易堵塞管线，万一堵塞管线，应及时处理好，再继续烧。还要注意，管线不要振动太大。

(3) 每次烧焦间隔在 10～15min，保证足够通汽量，有利于提高烧焦效果，又可以避免焦块下来太大或炉管变形。

(4) 在烧焦过程中，应该有专门人员负责调整火焰，每次做好给风给汽的操作记录，点火要均匀。

(5) 必须保证足够的汽压（蒸汽压力 > 0.98MPa）、风压（非净化风的压力 > 0.39MPa）和水压（新鲜水压力 > 0.34MPa）。

257. 炉管在破裂前常出现哪些现象？如何处理？

炉管在破裂前，一般要出现鼓泡或变形，当炉管的颜色出现桃红色时，司炉工要密切注意，如果情况恶化，则按正常停工处理。

258. 炉管在破裂后常出现哪些现象？如何处理？

(1) 出现的现象是：

①炉管在破裂以后，管内的油流入炉内着火，但由于空气不足燃烧不完全，造成烟囱冒黑烟。

②由于管内的油流入炉内，造成炉管内介质的出口压力下降，介质的出口温度升高。

(2) 处理办法：

①炉管破裂如果不大，按正常停工处理。

②炉管破裂如果严重，按紧急停工处理。

259. 加热炉进料突然中断如何处理？

(1) 现象：炉膛温度和炉出口温度急剧上升。

(2) 处理办法：

①及时熄火。

②查找原因，配合操作调节好进料量。

260. 加热炉燃料油或燃料气突然中断如何处理？

在石油化工厂的加热炉大部分都是采用油—气联合燃烧

器，既能烧油，又能烧气。当燃料油中断后，应立即烧气；当燃料气中断后，应立即烧油。

261．加热炉燃料油和燃料气同时突然中断如何处理？

（1）现象：炉膛温度和炉出口温度急剧下降。

（2）处理办法：查找原因，应与有关单位联系处理。

262．烟囱冒黑烟的原因及处理办法是什么？

（1）原因：

①炉管烧穿。

②仪表失灵，燃料油控制阀全开。

③瓦斯带油。

④雾化蒸汽压力突然下降。

⑤烟囱挡板、一、二次风门及蝶阀开度不合适，造成缺空气，使燃料燃烧不完全。

⑥炉进料量突然增加。

（2）处理办法：

①炉管烧穿，如果不大，则按正常停工处理；如严重烧穿，则按紧急停工处理。

②仪表控制失灵，应立即改为手动控制。

③如果瓦斯带油，应及时与有关单位联系处理。

④在雾化蒸汽的压力下降后，应调整喷嘴燃料油的压力，使油达到良好的雾化。

⑤根据燃烧的情况，调节烟囱挡板、风门及蝶阀的开度。

⑥提降量要缓慢控制。

263．炉膛温度不均匀如何解决？

（1）要使炉膛温度均匀，首先应保证各路进料量一致。

（2）各路的燃烧器个数应该一致。

（3）要调节好各路燃烧器的流量及火焰。

（4）经常检查校验各路热电偶指示是否正确。

264．电动固定旋转式吹灰器操作的要求是什么？

（1）吹灰蒸汽压力0.98～1.47MPa，蒸汽温度≤320℃。

（2）吹灰次数：

①燃烧器以烧油为主、烧气为辅时，每8h吹1次。

②燃烧器以烧气为主、烧油为辅时，每天白班吹1次。

③如果燃烧器全部烧气不烧油，则每两天吹1次。

（3）定期给吹灰器的蜗轮减速器加30#机油，给滚动轴承和滚轮加钠基润滑脂（ZN－2）。

（4）在使用过程中，要经常检查各盘根，如发现漏汽时，应及时处理。

（5）在吹灰前，先打开蒸汽排凝阀，把冷凝水放净后，再开蒸汽阀。

265．电动固定旋转式吹灰器的操作步骤是什么？

（1）自动吹灰：

①将“步进”和“预选”按钮打到“自动”位置。

②将坏了的吹灰器的旋钮打到“事故”位置。

③启动电源“开关”，电源指示灯应亮。

④启动“吹灰器准备运行”按钮，空位指示灯应亮。如不亮时，启动“程序复位”按钮，吹灰器开始运行。

⑤运行完毕后，等电器箱内无声音时，再按“吹灰器准备运行”的停止按钮，最后按“电源”的停止按钮。

⑥吹灰器运行完毕后，应及时将蒸汽阀关好。

（2）手动吹灰：

①将“步进”和“预选”按钮打到“手动”位置。

②将坏了的吹灰器打到“事故”位置。

③启动电源“开关”，电源指示灯应亮。

④启动吹灰器准备运行“按钮”，空位指示灯应亮，如不亮时，启动“程序复位”按钮，再逐个按每个吹灰器的“启动”按钮进行吹灰。

⑤运行完毕后，等电器箱内无声音时，再按“吹灰器准备运行”的停止按钮，最后按“电源”的停止按钮。

⑥吹灰器运行完毕后，应及时将蒸汽阀关好。

266．正常停炉的步骤是什么？

（1）在接到停炉的命令后，在降温前，计算好燃料油的库存量，根据需要收油，使停工后库存的燃料油为最好。

（2）如果是混烧瓦斯和燃料油，应提前停掉瓦斯，并处理好管线，以防止停炉后不好处理。

（3）根据装置降量、降温的要求，逐渐停掉燃烧器，到剩下1~2个燃烧器时，打开燃料油循环阀，但必须注意燃烧器前燃料油的压力不能过低。

（4）当装置进行循环时，过热蒸汽排空。

（5）全部熄火后，燃烧器仍通汽，使炉膛温度尽快降低，并将烟囱挡板全开。

（6）炉管不烧焦时，则停止燃料油循环，进行燃料油扫线。

（7）当炉膛温度降到150℃左右时，将人孔门、看火门打开，以使炉子冷却。

267．紧急停炉的步骤是什么？

（1）熄火。

（2）停止进料。

（3）向炉膛和炉管大量吹汽，过热蒸汽改放空。

（4）把烟囱挡板全打开。

（5）通知消防队和厂调度。

268．加热炉停工后需要检查哪些项目？

（1）加热炉停工后，对容易结焦并装有检查弯头的炉管，首先打开弯头的堵头（人不能正对堵头），检查炉管和弯头的结焦情况，然后装好。

（2）检查完毕后，如盐垢较多，应打水清洗盐垢，如无盐垢后，而结焦较严重时，上好堵头准备烧焦。

（3）加热炉的对流室如果有钉头管或翅片管，应检查它们的积灰情况，如积灰严重，应进行蒸汽吹扫或水冲洗。

（4）检查燃烧器、炉管、配件、炉墙、衬里等是否完好，如有问题应及时处理。

十四、加热炉的检修

269. 加热炉的检修周期是如何划分的?

加热炉的检修周期可分为大修和中修，见表14－1。

表14－1 加热炉的检修周期

加热炉类别	中修/月	大修/月
易结焦和冲蚀强	2～4	12～18
一般	12～18	24～36

270. 加热炉的检修包括哪些项目?

加热炉的检修包括中修和大修。中修和大修各所包括的项目如下。

(1) 中修项目主要包括:

①检查辐射管内的结焦情况，如结焦则必须进行清焦。

②检查并记录炉管的腐蚀、冲蚀情况、壁厚变化情况、裂纹、氧化爆皮、鼓泡、弯曲、胀口等情况。

③检查并记录回弯头的壁厚、腐蚀及冲蚀情况。

④补胀或更换炉管与回弯头，并作好记录。

⑤检查回弯头堵头、顶紧螺杆、元宝螺母及回弯头双耳等有无裂纹，并进行研磨、修理或更换。

⑥检查炉膛、烟道、烟囱内的衬里、看火门等，如有问题应进行处理。

⑦检查火盆砖、燃烧器及其管线、阀门等，如有损坏必须进行修理。

⑧检查辐射室、对流室、烟道、空气预热器等处是否有积灰，如有积灰必须进行清扫。

⑨检查烟道和风道挡板的位置，转动是否灵活，如有问题必须进行修理。

⑩检查和修理耐火砖架、炉管吊钩、炉管拉钩、炉管定位管、导向管等。

⑪检查热电偶、氧化钴等是否完好，如有问题要及时修理或更换。

⑫检查弯头箱门、防爆门、自然通风门、及炉管进、出口等处的密封情况，如密封不严，则必须进行处理。

⑬检查灭火蒸汽线及紧急放空装置是否畅通。

⑭检查和修理瓦斯阻火器。

（2）大修项目主要包括：

①所有中修项目。

②加热炉钢结构及钢制烟囱的钢板厚度腐蚀情况的检查与修理。

③加热炉的基础及烟囱基础的检查与修理。

④对流部分管架及管板的检查与修理。

⑤炉体、烟囱、炉架、平台、梯子及管线的刷油防腐。

⑥避雷针和接地的检查。

271．堵头式回弯头在拆装时，要注意哪些问题？

在易结焦的加热炉辐射炉管上通常都装有堵头式回弯头。在中修或大修时，为了检查炉管内的结焦情况，都要把回弯头上的堵头拆下来，在检查完炉管内的结焦情况后，再把堵头装上。在拆、装堵头时，必须注意以下几个问题：

（1）回弯头及堵头应在拆卸时按顺序对应编号，安装时不能装错。

（2）应在回弯头温度降到 100～150℃时拆卸堵头，以免温度过低不易拆卸。

（3）拆卸回弯头的顶丝时，不准用火烤。

（4）堵头拆下来后，堵头与回弯头的接触面用细钢丝刷或砂纸轻轻除去焦子后，再用研磨剂进行研磨，应保证其有不小于 3mm 宽的连续接触面。

（5）堵头密封面及顶丝丝扣安装时，应均匀涂以用机油调制的片状石墨粉。

（6）去除回弯头内管头时，宜用机械方法，也可以用氧气切割。在切割时，不得将管壁割穿，余下部分仍用机械方法割除。

272．回弯头更换的条件是什么？

（1）回弯头的壁厚小于按下式计算的允许值时，应更换。

$$S = 0.75\frac{pD}{[\sigma]}$$

式中 S——回弯头最小允许壁厚，mm；

p——操作压力，MPa；

D——回弯头外径（即两倍于从管孔中心至回弯头外表面的距离），mm；

$[\sigma]$——许用应力，MPa，见表 14－2。

（2）回弯头的堵头顶丝有裂纹、缺牙和滑扣的，应更换。

（3）堵头梢口上有腐蚀深坑，其直径大于 2mm，且深 0.4～0.6mm 的应更换。

273．炉管在什么情况下才能更换？

加热炉的炉管在使用一定时间后，若发现有下列情况之一时，应更换。

(1) 炉管由于严重腐蚀、冲蚀或爆皮，管壁厚度小于计算允许值。

(2) 有鼓包、裂纹或网状裂纹。

(3) 水平炉管相邻两支架间的弯曲度，大于炉管外径的两倍。

(4) 炉管外径大于原来外径的4%～5%。

(5) 胀口在使用中反复多次胀接，超过规定胀大值。

(6) 胀口腐蚀、脱落、胀口露头低于2～3mm。

表14-2 回弯头材料的许用应力［σ］

操作温度/℃	回弯头材料［σ］/MPa		操作温度/℃	回弯头材料［σ］/MPa	
	碳钢	合金钢		碳钢	合金钢
275	68.7		425	50	59.8
300	67.2		450	44.1	54.9
325	65.7		475	38.3	49
350	63.8		500	31.4	43.2
375	59.8		525		34.3
400	54.9	64.7	550		27

274. 炉管在安装前是否需要逐根进行水压试验？

这个问题要根据具体情况来决定。如果所用的炉管有完整的合格证，则在现场不必逐根进行水压试验。但若所用炉管为放置多年或来源不明而无合格证的，则在使用之前要逐根进行水压试验。水压试验压力按下式进行计算：

$$p=\frac{2S\,[\sigma]}{D}$$

式中 p——试验压力，MPa；

D——管子内径；cm；

S——管壁厚度，cm；

$[\sigma]$——许用应力，碳钢为 73.6MPa，合金钢为 88.3MPa。

炉管最大试验压力不能超过 15.7MPa。炉管在试验压力下保持 5min，然后降到操作压力进行检查，管子不漏、无裂纹和不变形即认为合格。

275. 炉管外形尺寸允许误差是多少？外表应符合哪些要求？

炉管在安装之前，应认真检查外形尺寸，外形尺寸的允许误差为：

长度 $\leqslant \pm 15$mm；外径 $\leqslant {}^{+0.5}_{-1.75}\%$；壁厚 $\leqslant {}^{+20}_{-10}\%$；弯曲度 $\leqslant 1.5$mm/m；全长弯曲度 < 8mm。

炉管的外表面应当光滑，不得有重皮、夹杂、裂纹等缺陷。

276. 更换炉管时对切除旧炉管有什么要求？

在更换炉管时，切除旧炉管分以下两种情况：

(1) 与炉管相连接的如果是回弯头，则在更换炉管时，先在回弯头外用氧－乙炔焰切除炉管。在去除回弯头内管头时，宜用机械方法，也可以用氧气切割，但不得把管壁割穿，其余部分仍要用机械方法割除，以免损伤回弯头。

(2) 与炉管相连接的如果是急弯弯管，则在更换炉管时，在急弯弯管外用氧气切割，当炉管与急弯弯管的材质为合金钢时，宜用机械方法进行切割。

277. 在局部更换炉管时应注意哪些问题？

加热炉由于操作不稳，或在检修时检查不详细，在生产操作中有时出现炉管突然变形甚至破裂的情况，因此就必须进行抢修。在抢修时，为了争取时间，一般只做简单的处理，采用局部更换炉管。在局部更换时，应注意以下要求：将被烧坏的部分从两端割掉，中间更换新管。在焊接新管时可以把旧管底部的导向管先切掉，或者把炉管拉钩拆开，使整根炉管离开炉墙约200～300mm，以便焊接。在焊好并经检查合格后，再将导向管焊上或者把炉管拉钩装上。以上方法适用于立管式的加热炉。

278．在更换整根炉管时应注意哪些问题？

在更换整根炉管时，首先从弯头外将管段割掉，修好坡口，炉管从顶部弯头箱盖板处穿入，先对好下口还是先对好上口由现场施工人员根据具体情况而决定。上下口焊好后必须进行检查，合格后再把导向管和炉管拉钩装上。

279．炉管与炉管焊接、炉管与急弯弯管焊接有哪些要求？

炉管焊接的好坏直接关系到加热炉能否安全运行。因此，在焊接炉管时必须认真对待，千万不能马虎，否则带来的后果是不堪设想的。在焊接炉管时必须遵循以下要求：

（1）参加炉管焊接的人员，必须经过考试合格后方能焊接。

（2）炉管必须有合格证，如无合格证，则必须经过全面的检查，确认合格后才能使用。

（3）在焊接炉管时，应严格按照炉管施工规范及施工图上的要求进行。

（4）炉管焊接时，应设临时工棚，防止风、雨、雪的影响。在冬季施工时，棚内温度应保持在10℃以上。

（5）炉管最好为整根的，如因长度不够需焊接时，每根炉管允许有一个焊口。炉管焊缝应配置在低温区或炉墙外，应避免把焊缝配置在炉管中央或胀口附近。

(6) 管端坡口应采用机械加工方法来切割。对于Cr－Mo钢，在采用高速切削时，应采用冷却剂以防表面层硬化而产生裂纹。坡口表面及20mm范围以内应清除油污及锈斑。坡口角度常用60°～70°±5°，钝边尺寸及对口间隙可以控制在$1^{+0}_{-0.5}$mm。

(7) 在炉管焊口组对时，允许内径错边小于1mm，弯曲度用400mm的直尺检查，尺与管壁的间隙应小于2mm。炉管与急弯弯管组对焊接时，同心度误差不应大于1mm，且不准强制对中。圆筒炉辐射炉管焊接后，其节圆直径误差不应大于0.2%，并不得超过12mm。

(8) 炉管焊接所用的焊接材料应符合以下要求：

①炉管焊接所用的焊条和焊丝应根据炉管的化学成分和焊接条件按下列现行标准选用：

《碳钢焊条》 (GB5117)

《低合金焊条》 (GB5118)

《不锈钢焊条》 (GB983)

《惰性气体保护焊接用不锈钢棒及钢丝》 (GB4223)

《焊接用不锈钢盘条》 (GB4241)

《焊接用不锈钢丝》 (GB4242)

《焊接用钢丝》 (GB1300)

②铬钼耐热钢焊接所用焊条应采用与基本金属的化学成分和机械性能相应的焊条。

(9) 炉管焊接后，焊缝的质量必须符合设计图上的要求。

280. 燃烧器的火道砖在砌筑时应满足哪些要求?

火道砖在砌筑时应满足以下要求：

(1) 火道砖必须有合格证，如无合格证必须进行全面检查合格后才能使用。

（2）火道砖如果是粘土质耐火砖，在砌筑时用细粒粘土质耐火泥。

（3）在砌筑火道砖时，必须严格按照砌砖规范及施工图进行。

（4）砖缝必须小于2mm。

（5）砖缝必须与瓦斯喷头错开。

（6）砖缝内的泥浆填充必须饱满均匀，饱满度不得小于95%。

（7）砖的向火面不准缺棱缺角，不准加工。

（8）在砌砖时，只允许用木锤找正，严禁用铁锤敲打。

（9）表面的砖缝应进行钩缝。

281．炉墙砖结构在修补时应满足哪些要求?

（1）炉墙砖必须有合格证，如无合格证必须进行全面检查合格后才能使用。

（2）在砌砖时，必须严格按照砌砖规范及施工图进行。

（3）炉墙砖如果是轻质粘土质耐火砖，则必须用粘土质耐火泥（中粒）砌筑。

（4）砖缝不得大于3mm。

（5）砖缝内的泥浆填充必须饱满均匀，饱满度不得小于95%。

（6）砖的向火面不准缺棱缺角，不准加工。

（7）在砌砖时，只允许用木锤找正，严禁用铁锤敲打。

（8）表面的砖缝应进行钩缝。

282．耐火砖炉墙的膨胀缝采用什么填料?

在过去，加热炉耐火砖炉墙的膨胀缝内基本上都是填石棉绳。实践证明，经过一段时间的操作，膨胀缝内的石棉绳大部分都被烧坏，失去膨胀缝填料所需要的弹性，有的甚至变成松灰。所以，建议石棉绳不能使用在炉膛温度高于400℃的膨胀缝内。在炉膛高温烟气部位，采用陶瓷纤维填塞砖墙的膨胀缝是一种较理想的材料。

283．粘土质耐火砖有几种？

粘土质耐火砖的原料是耐火粘土或高岭土。这种砖含$SiO_2 < 65\%$，Al_2O_3 30%～40%。在石油化工厂的加热炉上大部分都是采用这种砖，它分为轻质耐火粘土砖（QN）和粘土砖（NZ）两种。

284．圆筒形加热炉辐射室的耐火砖炉墙采用立砌和卧砌各有什么优缺点？

圆筒形加热炉辐射室炉墙耐火砖的内表面最好能砌成一个较光滑的圆形，但又不希望采用较贵的异型砖，所以一般均采用普通直形耐火砖（230×114×65mm）T_z-3和楔形耐火砖（114×65/55×230mm）T_c-23搭配立砌。因为圆筒形炉的炉壁耐火砖厚度为114mm，所以上述两种砖的宽度（114mm）方向即放在炉壁厚度方向。如果采用卧砌（长边水平放置），则在直径较小的内表面就会出现许多明显的小直段，各层砖之间也会上下参差不齐，炉墙背面的砖缝也会较大，所以卧砌只能用在直径较大的炉子上，直径较小的炉子则应采用立砌（长边垂直放置）。立砌的缺点是不易保证各块砖的垂直度，砖墙的垂直错缝也不易排列规则，施工也比卧砌困难。

立砌是用T_z-3和T_c-23搭配砌成的，但每圈T_c-23所用块数与圆筒炉直径无关。在墙厚为114mm的条件下，每圈T_c-23的用量均为71块。

285. 圆筒炉的炉墙是否可以全部采用轻质耐热混凝土衬里？

在目前，圆筒炉的炉底、炉顶、对流室和烟囱大部分都是采用轻质耐热混凝土衬里，辐射室炉墙大部分都是采用砌砖。将辐射室炉墙砌砖改为轻质耐热混凝土衬里在技术上完全是可能的，但衬里与砌砖在经济上哪种最合理，这与货源、施工经验等因素有关，所以尚缺乏一致的结论。圆筒炉辐射室的炉墙除膨胀缝处采用异型砖外，其余各部分都可以用标准直形砖（T_z-3）和楔形砖（T_c-23）搭配砌成，所以结构也是简单的。

286. 轻质耐热混凝土衬里的最高使用温度是多少？

轻质耐热混凝土衬里的最高使用温度不得大于900℃，在使用时千万注意，若使用不当会造成严重的后果。

287. 轻质耐热混凝土衬里的组成及配比是什么？

石油化工厂加热炉采用的轻质耐热混凝土衬里都是用矾土水泥、陶粒（或轻质粘土砖砂）和蛭石加水配合而成的。国内外采用最多的配比是：

（1）手工涂抹：

矾土水泥：陶粒（或轻质砖砂）：蛭石＝1:2:4（体积比）。

（2）机械喷涂：

矾土水泥:陶粒（或轻质砖砂）：蛭石＝1:2.5:4.5（体积比）。

衬里材料必须符合以下要求：

（1）矾土水泥：必须符合国家标准。

（2）陶粒应水选，采用飘浮在水面上的陶粒，其松散密度为600～700kg/m^3。陶粒粒径的级配见表14－3。

表 14-3　陶粒粒径的级配

粒径/mm	质量百分比/%		备注
	手工涂抹	机械喷涂	
5~1.0	30	/	硬　壳　陶　粒
5~1.2	40	45	
1.2~0.3	/	40	用硬壳陶粒破碎而成
>1.2	30	/	
<0.3	/	15	

(3) 蛭石：干松密度不应超过 150kg/m³，禁止采用未烧透或烧过火的蛭石。蛭石颗粒级配见表 14-4。

表 14-4　蛭石颗粒级配

粒　　径/mm	质　　量/%
5~1.2	45
1.2~0.3	40
<0.3	15

(4) 施工用水：必须用洁净的自来水。

陶粒和蛭石集料中的大颗粒可以增加衬里的隔热性能、减轻密度；中小颗粒可以填充大颗粒之间的间隙；少用水泥；提高强度，增加和易性。

施工时，在衬里中要加入适量的符合饮用标准的水。水灰比（水与水泥+掺合料粉的质量比）应根据具体条件由试验确定。水灰比过大，衬里经烘干和加热后，大量水分脱除，孔隙增多，强度下降，还会使混凝土的残余收缩量增大。手工涂抹的水灰比一般在 1.2~1.5 之间。机械喷涂的含水率为 50%~60%。应根据施工现场的温度、湿度、材料的湿度等情况作适当的调整。一般以用手握料，指缝中挤出水珠但不滴下为适宜。

288．轻质耐热混凝土衬里的胶结剂为什么采用矾土水泥？

矾土水泥的耐火度大于1400℃，而且水化速度快。凝结时早期初凝不早于40min，终凝不迟于10h。由于它具有耐温、强度上升等优点，故用作轻质耐热混凝土衬里的胶结剂。矾土水泥轻质耐热混凝土衬里在硬化期是放热反应，所以需采用喷水降温养护，严禁用一般混凝土所采用的蒸汽高温养护法。在施工时，应完全避免其他水泥及石灰等杂质混入。

289．轻质耐热混凝土衬里的集料为什么采用陶粒和蛭石？

陶粒和蛭石都是轻质耐热集料，用这两种材料配制而成的耐热混凝土密度较轻，故称轻质耐热衬里。

陶粒是用粘土或页岩经高温焙烧而成的。蛭石是将蛭石原矿加热到一定温度，由于其中所含水分迅速蒸发，体积大大增加而生成膨胀蛭石。陶粒强度较高，蛭石隔热性能良好。用矾土水泥作胶结剂，用陶粒和蛭石作集料的轻质耐热衬里，从使用温度、强度、隔热性能多方面来说，都是石油化工厂加热炉比较理想的炉衬材料。

290．轻质耐热混凝土衬里施工采用哪两种方法？各有什么优缺点？

轻质耐热混凝土衬里施工采用手工涂抹和机械喷涂两种方法，这两种方法的优缺点见表14－5。

表 14-5　手工涂抹和机械喷涂的优缺点

施工方法	手工涂抹	机械喷涂
材料损耗量	约 10%	回弹量大,损耗约占 50%
水灰比	易掌握	不易掌握
施工难易	容易	需有经验的工人施工
配比	可按设计要求	由于回弹,实际配比出入较大
立墙或炉顶施工	需模板,炉顶施工困难	不需模板,施工较快, 但需设置喷涂设备
衬里耐压强度	较低	较高
预留伸缩缝	较易	较难

291．轻质耐热混凝土衬里施工时是否要留出伸缩缝？

耐火砖炉墙一般应留出膨胀缝，而轻质耐热衬里应留出伸缩缝，这是由于耐火砖与轻质耐热衬里的膨胀与收缩性能不同。耐火砖的膨胀量随温度的升高而加大，而轻质耐热衬里在温度升高时有少量膨胀，但在冷却后会出现较大的收缩，这就是残余收缩。在以后的操作中，如果加热的最高温度不超过第一次加热的温度，衬里随温度的升高和降低，其膨胀和收缩就是沿图 14-1 所示的直线上下往复移动的。因此，大面积衬里不必像耐火砖墙那样留出较大的膨胀缝，而只需要每隔 1～2m 留出宽为 3～5mm、深约为衬里厚度 1/3 的伸缩缝即可。这种伸缩缝的用途是：

（1）衬里在第一次升温过程中稍有膨胀，伸缩缝可以减少由于这一膨胀所产生的内应力。

（2）由于衬里有较大的残余收缩，冷却后有较大的裂缝，伸缩缝可以使裂缝出现在指定位置而较为规则。

（3）伸缩缝可以使裂缝在伸缩缝处断开而不继续延伸，并使收缩裂缝均匀分散，避免出现过长或过宽的收缩缝。

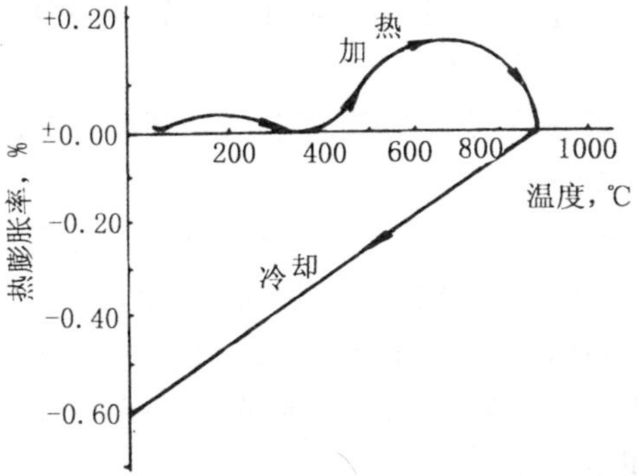

图 14-1　轻质耐热混凝土衬里的温度和膨胀率

292．陶瓷纤维是一种什么材料？基本性能有哪些？

陶瓷纤维简称陶纤毡，它是一种利用耐高温的耐火材料（如焦宝石）经电弧熔融后，用压缩空气喷吹而成的纤维状物质，又称为陶纤棉。利用陶纤棉，可以制成各种陶纤制品。国产陶纤毡 Al_2O_3 的含量分别为 62% 和 45%，前者使用温度为 1150～1200℃，后者为 1000℃。

陶纤毡按其所用粘合剂的不同，分为陶纤硬毡（粘合剂为磷酸铝）、陶纤软毡（粘合剂为乳胶、聚合铝、水玻璃、甲基纤维素、乳胶——磷酸铝复合粘合剂）和陶纤湿毡（粘合剂为硅溶胶）三种。根据陶纤毡的性能及加热炉的温度，炉壁热面层可以采用硬毡。

陶纤制品的尺寸为 600×400×20（10）mm。

陶纤毡的基本性能如下：

（1）使用温度较高，可以到 1000℃。

(2) 陶纤毡的密度在 $200kg/m^3$ 以下（一般为 $160kg/m^3$），仅为轻质耐热衬里的 1/6～1/7。

(3) 热容量仅为轻质耐热衬里和轻质粘土质耐火砖的 1/9。

(4) 陶纤在高温下体积稳定，残存收缩率很小，不需留收缩或膨胀缝，施工方便。

(5) 导热系数小。在热面温度 600℃（平均温度 366℃）时，导向系数为 0.078W/（m·k）；900℃（平均温度为 551℃）时为 0.096W/（m·k）；1100℃（平均温度为 678℃）时为 0.125W/（m·k），约为轻质粘土质耐火砖的 1/8、为轻质耐热衬里的 1/10。

(6) 隔声效果好。陶纤覆盖层能降低频率小于 1000Hz 的高频噪声，也能吸收一些低频噪声。

(7) 具有一定的拉伸强度。

(8) 化学稳定性好。

(9) 弹性较好（常温弹性 78%），易于运输和安装。

(10) 具有较好的抗气流冲刷性能，能受住 30～50m/s 的气流冲刷。

293. 陶纤毡在使用时应注意哪些问题?

(1) 严禁将陶纤毡存放在露天。

(2) 陶纤毡不能受潮和雨淋。

(3) 严禁在陶纤毡上踩踏。

(4) 陶纤毡在使用时，随用随开箱，轻取轻放。

(5) 陶纤毡在施工时，严禁在炉墙上大面积涂刷高温粘合剂，应根据毡的大小，贴一块刷一块。

(6) 严禁碰撞已贴好的毡子表面。

294. 陶纤毡的使用最高温度是多少?

国内目前生产的陶纤毡，长期使用的最高温度可以达到1000℃。

295．加热炉的炉墙外壁温度一般要求不超过多少度？

为了减少加热炉辐射室及对流室的炉壁散热损失，要求加热炉的炉墙外壁温度不超过80℃。

296．加热炉涂漆粉刷有哪些要求？

加热炉的涂漆粉刷十分重要，涂漆粉刷的好坏直接关系到加热炉的使用寿命。因此，在涂漆粉刷时应符合以下要求：

（1）油漆选用：金属表面先涂红丹防锈漆，第二层再涂铅油或醇酸磁漆或酚醛磁漆。油漆稀释剂必须选用合格清油。

①在施工前，应对油漆干性及干后漆膜情况进行检验，合格后方可使用。

②涂漆前，金属表面应打磨、除锈、不得有污垢。

③施工环境必须清洁，严寒、霜、雨、雾、雪及潮湿等天气不宜施工。

④除锈后8h内涂第一层漆，至少在24h后才能涂第二层漆。

⑤为保证漆膜的质量和保护能力，每层漆膜涂刷不应太厚，应采取多次涂刷的方法。

⑥底漆应与面漆相适应，使用时应注意选择，否则会影响漆膜的耐久性。

（2）涂漆粉刷涂色的规定：

①加热炉的炉底、炉体、对流室刷深绿色。

②烟囱刷黑色。

③平台、梯子和栏杆刷深灰色。

参 考 文 献

[1] 中国石油化工总公司石油化工规划院．炼油厂设备加热炉设计手册第三分篇：炼油厂加热炉设计（上、下册）.1986

[2] 王兰田．炼油厂管式加热炉基本知识问答（1~5），炼油设备设计，NO.2~6，1981

[3] 王兰田，魏振声译．美国石油学会标准“炼油厂常用火焰加热炉”．中国石油化工总公司设备设计技术中心站.1987

[4]《炼油厂设备检修手册》编写组．炼油厂设备检修手册第Ⅲ篇：工艺设备．北京：石油工业出版社，1978

[5] 中国石油化工总公司北京设计院．石油化工管式炉设计规范.1992

[6] 刘运桃．管式加热炉技术问答．北京：中国石化出版社，1992.2